彩图 1　中华绒螯蟹成蟹

彩图 2　中华绒螯蟹蟹苗

彩图 3　优质蟹背甲颜色——青背

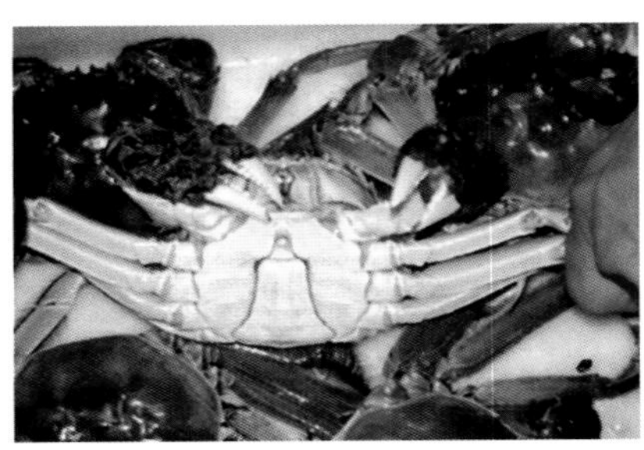

彩图 4　优质蟹腹部颜色——白肚

彩图 5　雌蟹（团脐）

彩图 6　雄蟹（尖脐）

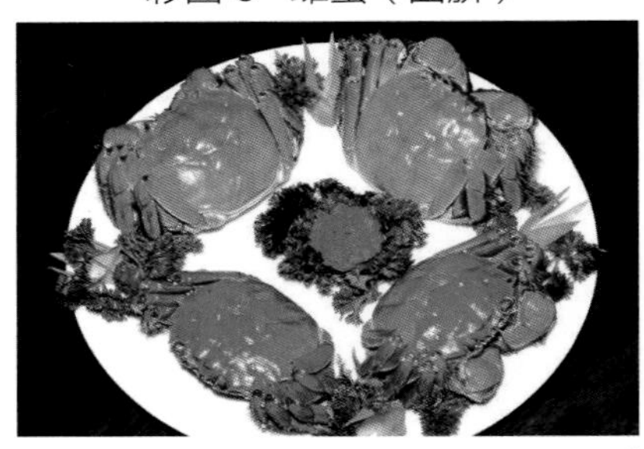

彩图 7　美味螃蟹（1）

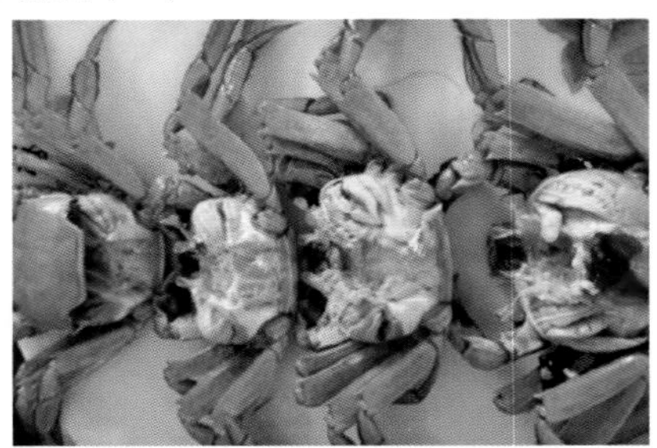

彩图 8　美味螃蟹（2）

彩图 9　吃螃蟹步骤

彩图 10　河蟹颤抖病

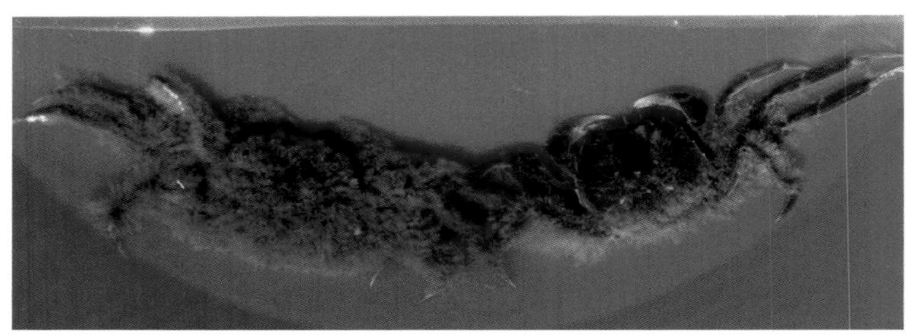

彩图 11　中华绒螯蟹固着类纤毛虫病

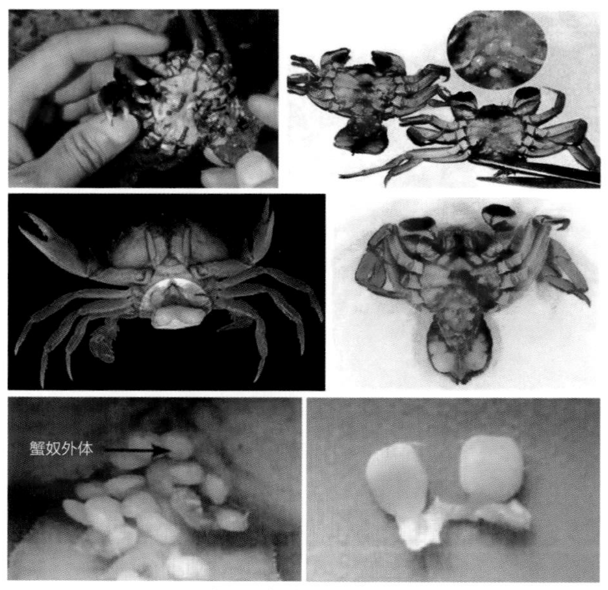

彩图 12　蟹奴病症状及其病原体形态

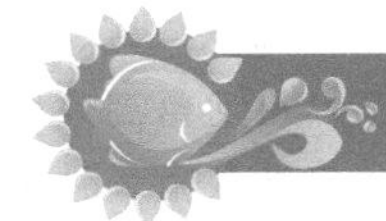

水产高效健康养殖丛书

河蟹高效养殖与疾病防治技术

HEXIE

GAOXIAO YANGZHI YU JIBING FANGZHI JISHU

汪建国 总主编　　汪建国 李钟杰 刘家寿 等编著

化学工业出版社

·北京·

湖泊、池塘和稻田是河蟹养殖最适宜的水体。特别是湖泊面积广阔、水质优良，产出的河蟹品质较高。但是，在保护水质的前提下，将河蟹高效养殖的几种模式与河蟹的疾病防治有机结合起来，争取更高的经济效益、社会效益和生态效益，是本书的特点。河蟹高效养殖与疾病防治有机结合，本书通过推广以水资源保护为前提的生态渔业，从而调整与优化渔业结构，维护水体生态健康，努力建立环境-气候友好型的可持续发展渔业模式。

图书在版编目（CIP）数据

河蟹高效养殖与疾病防治技术/汪建国，李钟杰，刘家寿等编著. —北京：化学工业出版社，2014.8（2025.1重印）
（水产高效健康养殖丛书/汪建国总主编）
ISBN 978-7-122-20849-1

Ⅰ.①河… Ⅱ.①汪…②李…③刘… Ⅲ.①养蟹-淡水养殖②河蟹-病害-防治 Ⅳ.①S966.16②S947

中国版本图书馆CIP数据核字（2014）第116849号

责任编辑：漆艳萍　邵桂林　　装帧设计：史利平
责任校对：边　涛

出版发行：化学工业出版社
（北京市东城区青年湖南街13号　邮政编码100011）
印　　装：涿州市般润文化传播有限公司
850mm×1168mm　1/32　印张8　彩插2　字数205千字
2025年1月北京第1版第15次印刷

购书咨询：010-64518888　　售后服务：010-64518899
网　　址：http://www.cip.com.cn
凡购买本书，如有缺损质量问题，本社销售中心负责调换。

定　　价：29.80元

编写人员名单

总　　主　　编： 汪建国

本书编写人员： 汪建国　李钟杰　刘家寿　张堂林
章晋勇　李　明　王启烁　艾桃山
周凤建　徐军民　陆　君

序

我国池塘养鱼有着悠久的历史，远在三千多年前的殷末周初就有池塘养鱼的记载。世界上最早的养鱼著作《养鱼经》，就是公元前460年左右的春秋战国时期由我国养鱼历史上著名的始祖范蠡根据当时池塘养鲤的经验写成的。几千年来，我国人民在生产实践中积累了丰富的养鱼技术和经验。

近30年来，我国的水产养殖业发展迅速。2012年，我国淡水池塘养殖面积256.69万公顷、水库养殖面积191.15万公顷、湖泊养殖面积102.48万公顷、河沟养殖面积27.48万公顷，池塘养殖面积占淡水养殖总面积的43.45%。淡水鱼类养殖产量2334.11万吨，其中草鱼产量478.17万吨、鲢产量368.78万吨、鲤产量289.70万吨、凡纳滨对虾产量69.07万吨、河蟹产量71.44万吨。在满足水产品市场供应、保障国家粮食安全、增加农民渔民就业和收入等方面都发挥了重要作用，也为世界渔业发展作出了重要贡献。

“以养为主”的渔业发展模式，不仅符合我国国情，而且突破了世界渔业发展过分依赖天然渔业资源的旧模式，拓展了我国渔业发展的空间，走出了一条有中国特色的渔业发展道路。目前，我国水产养殖业正从传统养殖向健康养殖转变，由数量增长型向效益增长型转变。节水、高效、生态、健康型养殖模式已成为我国水产养殖业的主体。实践证明，科技进步是渔业发展的根本出路，必须加快渔业科技创新步伐，加速渔业科技成果的转化与推广，将经济增长转到依靠科技进步和劳动者素质提高上来。因此，推广经济价值较高的养殖鱼类品种，普及健康养殖技术，加强病害防治技术，就成为我国水产养殖业可持续发展的一项重要任务。

淡水鱼类养殖是适合在农村推广发展的致富项目之一，具有广阔的发展前景。化学工业出版社组织编写《水产高效健康养殖丛书》，结合当前淡水养殖业的发展趋势和养殖种类的区分，特别设置

8个分册，包括《淡水鱼高效养殖与疾病防治技术》、《黄鳝高效养殖与疾病防治技术》、《泥鳅高效养殖与疾病防治技术》、《龟鳖高效养殖与疾病防治技术》、《河蟹高效养殖与疾病防治技术》、《南美白对虾高效养殖与疾病防治技术》、《克氏原螯虾（小龙虾）高效养殖与疾病防治技术》、《鳜鱼高效养殖与疾病防治技术》，不仅讲解了常见淡水鱼类的养殖与疾病防治技术，而且涉及目前比较热门的几种特种淡水鱼类，既涵盖了草鱼、青鱼、鲢、鳙、鲤、鲫、鳊的常规养殖鱼类的高效健康养殖与疾病防治技术，又涵盖了鳜鱼、黄鳝、泥鳅、龟、鳖、虾、蟹等名特优新养殖品种的高效健康养殖与疾病防治技术。

《水产高效健康养殖丛书》系统性强、语言通俗易懂、内容科学实用、操作性强，并结合养殖对象的疾病防治技术配套彩图插页，图文并茂，有利于读者的知识积累和实践应用，符合水产养殖业者的阅读需求。丛书的编著者不仅是专业知识扎实的专家，而且在实践中积累和总结了较丰富的经验和技术。在丛书的立意中强调选项以优质养殖对象为主，内容以技术为主，技术以实用为主。丛书的问世，无疑将成为推广淡水鱼类高效健康养殖和疾病防治技术的水产科技工作者和养殖业者养殖致富的好帮手，也为水产养殖等专业的科技人员和教学人员提供了有益的参考。

由于许多技术仍在不断完善的过程中，难免有不足之处，希望读者指正并提出宝贵意见，以便在丛书再版时予以修正。

汪建国

2014年1月

丛书总主编简介

汪建国，中国科学院水生生物研究所研究员、中国科学院大学教授、博士研究生导师。主要从事鱼病学、寄生原生动物学和水产健康养殖学等的研究。主编和参与编写的著作20余部；发表学术论文100余篇。在科学研究工作中，作为主要贡献者的科技成果获奖项目有中国科学院重大科技成果奖、湖北省科学技术进步奖、中国科学院科学技术进步奖、中国科学院自然科学奖、河南省优秀图书奖等。

前言

自20世纪70年代末，我国著名水产养殖专家赵乃刚先生首先在安徽省的河蟹人工繁殖试验取得重大成功以后，河蟹养殖业迅速发展，现已几乎遍布全国，尤其是在长江中下游流域，人工放养面积达到1000万亩、年产值近300亿元，成为我国长江中下游渔业的主导性产业之一。在各种水体中，湖泊被认为是河蟹养殖最适宜的水体，除了面积广阔、水质优良之外，湖泊中产出的河蟹的品质也高于其他水体如池塘中产出的河蟹品质。然而，近些年来，河蟹的过度放养导致了湖泊水质的下降及自然资源的匮乏，从而降低了河蟹的成品规格和产量。因此，关于河蟹合理放养的知识不仅对河蟹养殖的健康发展来说很重要，对湖泊的保护和可持续利用来说也是很有必要的。同时，池塘、稻田也是长江中下游湖区河蟹人工养殖的重要水域，未来发展迫切需要大规格商品蟹高产高效养殖技术、水质综合调控技术和绿色水产品质量保障技术。

为此，湖北省在“十五”开展了“名优水产健康高效养殖技术及产业化开发”科技项目研究，国家“十一五”支撑计划进一步开展了“河蟹高效绿色生产关键技术研究与示范”课题研究。世界自然基金会（WWF）高度关注长江流域水生态系统健康，积极推广以水资源保护为前提的生态渔业，调整与优化湖泊渔业结构，维护湖泊生态健康，努力建立环境-气候友好的可持续发展渔业模式。

本书可供水产养殖业者和相关科技人员选用及参考。本书得到国家淡水渔业工程技术研究中心（武汉）、国家“十一五”支撑计划项目（2007BAD37B03）和湖北省科技攻关计划（2007AA203A01）的支持，还得到国内同仁的大力协助，在此一并致谢。

限于时间和编著者的水平，有不当之处，敬请广大读者指正，以利再版时修正。

编著者

2014 年 1 月

目录

第七章　防治蟹病的药物 148

第一章
河蟹的生物学特性

第一节　河蟹的形态结构

一、外部形态

中华绒螯蟹（*Eriocheir sinensis*）属于节肢动物门、甲壳纲（Crustacea）、十足目（Decapoda）、方蟹科、绒螯蟹属，俗称河蟹（图 1-1、彩图 1～彩图 4）。河蟹外部被一层坚韧的甲壳，整个躯体分为头胸部和腹部，头部和胸部愈合在一起成为头胸部，为躯干的主体。

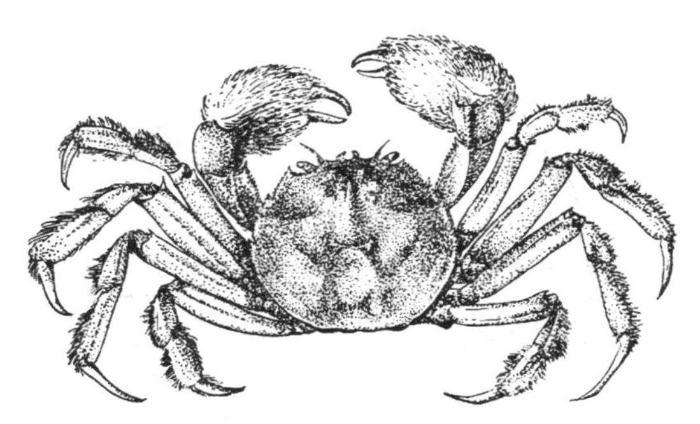

图 1-1　中华绒螯蟹

头胸部腹背甲又称头胸甲，头胸甲的背甲前缘正中为额部，有 4 个齿状突起，称额齿；左右前缘各有 4 个锐齿，称侧齿；头胸部背面呈墨绿色，腹部为灰白色。头胸甲在身体前部折向腹面与腹甲相接。身体由 20 节组成，头部 5 节，胸部 8 节，腹部 7 节，并各有一对附肢。由于头部与胸部愈合在一起，节数难以分辨，仅存头部的 5 对附肢和胸部的 8 对附肢；腹部附肢数目减少，雌蟹附肢 4

对，雄蟹附肢仅有2对。其中雌蟹的4对附肢位于第2～第5腹节上，双肢形，密生刚毛，有抱卵和搅水作用。雄蟹2对附肢位于第1～第2腹节上。第一对骨质化，呈管状，顶端密生刚毛，有交接作用。

河蟹的腹部扁平，又称蟹脐，弯向前方，贴在头胸部腹面，腹脐的形态是鉴别雌雄的主要标志。雌性呈圆形，俗称团脐（图1-2、彩图5）。雄性为狭长近似三角形，俗称尖脐（图1-2、彩图6）。额缘两侧有具柄的复眼，平时倒卧于眼窝内，活动时则直立伸出。复眼内侧有2对触角，第一对触角基部有平衡囊存在，第二对触角基部有一排泄孔，两对触角都有感觉作用。口器位于头胸部的腹面，由一对大颚、第一和第二对小颚、第一至第三对颚足共同组成。胸足是胸部附肢。第一对胸足特别强大称螯足，具有摄食和抗敌的功能；第二至第四对胸足为步足，有步行的功能；最后一对胸足较扁平，前后缘有刚毛，便于游泳。河蟹头胸部的腹甲中央有一腹甲沟，周缘生有绒毛，生殖孔开口于腹甲上，雌性开口于愈合后的第三节腹甲，左右各一个；雄性开口于最末节腹甲，左右各一个。

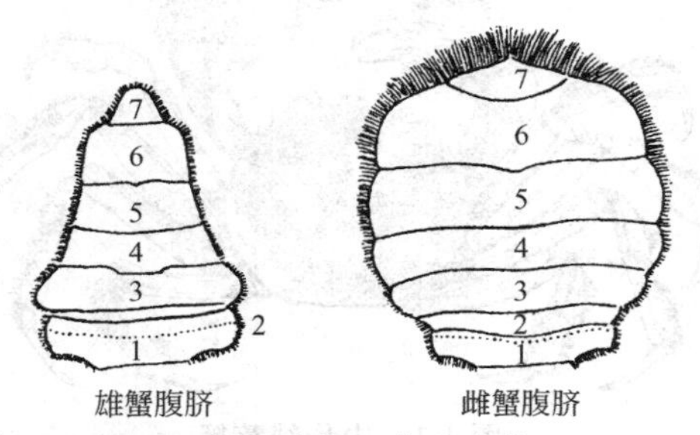

图1-2 河蟹的腹部（仿王武等，2010）

1～7—腹节

二、内部构造

河蟹体内具有完整的消化系统、呼吸系统、循环系统、神经系统、生殖系统、排泄系统，它的内部系统与虾类的内部系统相似（图1-3、图1-4）。

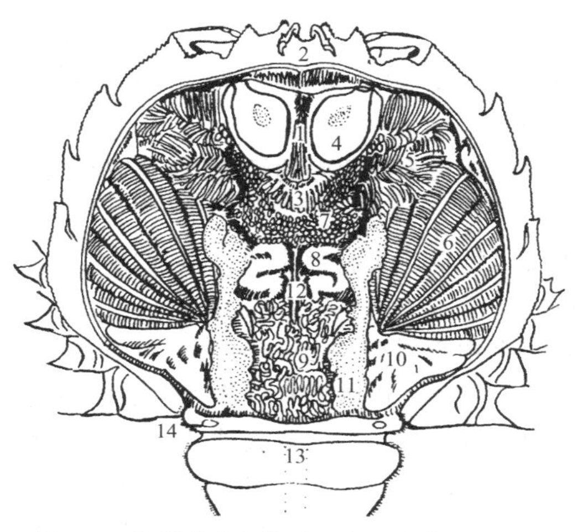

图 1-3　雄蟹的内部构造（仿王武等，2010）

1—胃；2—胃前肌；3—胃后肌；4—触角腺；5—肝胰腺；6—鳃；7—精巢；8—贮精囊；9—副性腺；10—三角瓣；11—内骨骼肌；12—中肠；13—后肠；14—生殖乳突

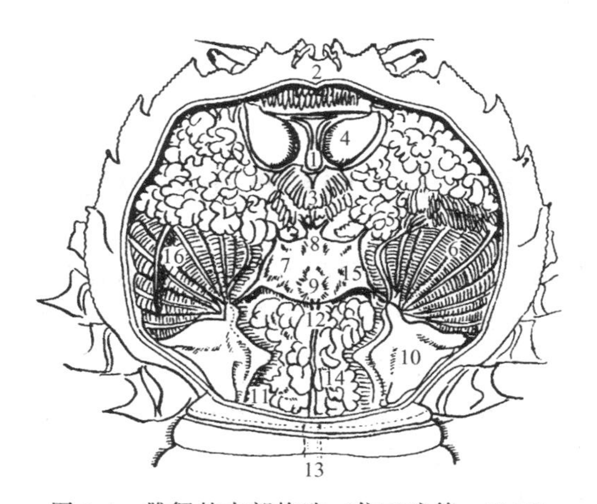

图 1-4　雌蟹的内部构造（仿王武等，2010）

1—胃；2—胃前肌；3—胃后肌；4—触角腺；5—肝胰腺；6—鳃；7—心脏；8—前大动脉；9—后大动脉；10—三角瓣；11—内骨骼肌；12—中肠；13—后肠；14—卵巢；15—韧带；16—第一颚足

消化系统包括口、食道、胃、中肠、后肠和肛门。肝胰腺是河蟹重要的消化腺，橘红色，富含脂肪，味道鲜嫩，俗称“蟹黄”（彩图7～彩图9）。

河蟹的鳃部位于头胸部两侧的鳃腔内，呈灰白色，共有6对海绵状鳃片。

心脏位于背甲之下，头胸部中央，呈肌肉质，略呈长三角形，俗称“六角虫”。

河蟹具有两个中枢神经系统：脑神经节发出触角神经、眼神经、皮膜神经等，并通过内脏器官；胸神经节向两侧发出神经分布到5对胸足、向后发出到腹部、胃腹神经，分裂为众多分支，故其腹部感觉尤其灵敏。河蟹有一对复眼，其视力相当好。

河蟹的性腺位于头胸部背甲下面，雌雄异体。雌蟹生殖器官包括卵巢和输卵管两部分。成熟的卵巢呈酱红色，俗称“红膏”，是河蟹最可口的部分。雄蟹生殖器官包括位于胃两侧的两个乳白色的精巢。精巢、射精管、输精管和副性腺俗称为“白膏”。

河蟹的排泄器官为触角腺，又称绿腺，为1对卵圆形囊状物，在胃的上方，开口于第二触角的基部，由海绵组织的腺体和囊状的膀胱组成。

第二节　河蟹的生活习性

河蟹的生活习性随着不同的发育阶段而有差异。溞状幼体阶段，生活在半咸水或海水里，过着浮游生活，溞状幼体变态为大眼幼体后，便顺着河流溯流而上，进入江河湖泊。大眼幼体再经一次蜕皮成为第一期仔蟹，从仔蟹至成蟹喜欢栖居在江河、湖泊的泥岸或滩涂上的洞穴里，或隐匿在石砾和水草丛中，有时也栖息于水库、坑塘、稻田中。

一、穴居

河蟹居穴为其本能，也是河蟹防御敌害的一种适应方式。但在人工养殖的情况下，也可以改变其穴居的特性。据观察，在人工养殖时，成蟹穴居率仅 2%～5%，且雌性多于雄性，绝大部分河蟹则掩埋于底泥中，露出口器以上的眼和触角。

生活在湖泊中的幼蟹，常以水草为隐蔽物。在成长过程中开始凿穴。其穴常分布在水面之下，不易被发现。在潮水涨落的通海江河，蟹穴常位于高低潮位之间。穴道呈管状，略有弯曲，底端不与外界相通。穴道深处常有积水，洞口扁圆形，洞口直径视蟹大小常在 2～12 厘米之间，洞深在 20～80 厘米，穴道与地面呈 10°～20°的倾斜。一般每穴仅居 1 只河蟹，但穴道稠密之处，偶有穴道相通，在连通的穴道里有时也有 2 只以上的河蟹，幼蟹的穴道较浅。随着其生长，穴道渐深。

河蟹掘穴以螯足为主、步足为辅，一般短则数十分钟，长则数十小时即可掘成一穴。掘穴时，用螯钳插入土中，靠收缩力量将土块掘起，合抱于额前，爬出原地之外抬钳弃土。掘穴时，若遇有石子、碎砖瓦等障碍物，则用螯钳夹住抛出洞外；若障碍物较大而无力移动时，则绕道开穴。

二、运动

河蟹感觉器官发达，特别是视觉器官、嗅觉器官、触觉器官发达，对外界环境反应灵敏。一对复眼下具柄，故既可直立，又能横卧于眼之中，直立时可视多方。横卧时对眼又有保护作用。刚毛广布于体表。河蟹运动敏捷、行动迅速，既可在地面横行，又善于向高处攀缘，在水中还可做短距离的游泳，所以，在养殖河蟹时要做好防逃设施。在爬行时，它将一侧步足的指节抓住地面，另一侧的步足直伸，推送身体向对面斜向前进。它的附肢在互相争食或遇到敌害时能自切，并可再生。

河蟹昼伏夜出，白天多蛰居水底，夜间显得非常活跃。靠一对复眼在微弱的光线下寻找食物和逃避敌害，具有趋光性，故人们在夜晚常用灯光诱捕河蟹。

河蟹用鳃呼吸，在水中，靠第二小颚在鳃腔中不断划动，造成水流。水流从螯足基部下方的入水孔进入鳃腔，然后从第二触角基部的出水孔流出。颚足的内脏可用来关闭入水孔，使河蟹离水后鳃腔内仍保留有水分。故河蟹离水后，仍能借助鳃腔内残留的水分进行呼吸。此时，由于空气混入鳃腔，与残留的水分一起呼出就产生泡沫，所以，河蟹上岸后常看见它能吐泡沫。

三、食性

河蟹为杂食性动物，如蝇蛆、鱼虾、螺、蠕虫和昆虫等，尤喜食腐臭动物尸体。食物匮乏时也会同类相残，甚至吞食自己所抱之卵。在自然状态下，因动物性饵料不易获得，一般主要摄食植物性食物，如藻类、茭白等，有时也摄食腐殖质。

河蟹既贪食又耐饥。在食物丰富的夏季，每天进食量可达自身体重的10%，甚至一夜可连续捕食几只螺、蚬，在食物匮乏时，即使10天半个月不进食也不会饿死。在一年中，除低温蛰居时暂不进食外，即使冬季也照常摄食。

河蟹寻觅食物，主要借助第一触角上的感觉毛，它为河蟹的嗅觉器。取食则靠一对螯足。用螯钳夹住食物递送入口，由大颚切碎和咀嚼后，经食道输送至胃。由“胃磨”进一步研碎，由肠壁吸收养分，废物由肛门排出体外。

四、生长

河蟹生长快，适应性强，终生寿命3～4年，对水质要求pH 7.5～8.5、溶解氧（dissolved oxygen，DO）在5毫克/升以上；当溶解氧小于5毫克/升时，对生长有抑制作用。最佳生长水温18～30℃，水温在10℃以下时，代谢功能减弱，很少进食。

河蟹的生长过程伴随着幼蟹蜕皮、仔蟹或幼蟹的蜕壳。幼体每蜕一次皮就变态一次，溞状幼体蜕皮5次后，变态为大眼幼体。溞状幼体分为五期。从大眼幼体蜕皮一次变态为第一期仔蟹起，此后每蜕一次壳它的体长、体重均作一次跳跃式增加。河蟹一生蜕皮28～32次。

河蟹蜕壳时，先找一处隐蔽的地方静伏下来，首先，第四、第五步足微微颤动，身体后部微微向上方抬起，之后，步足不时颤动一下，但不久停下来。接着头胸甲与脐连接处出现裂缝。这裂缝随头胸甲向上抬起，开裂程度愈来愈大，以致明显地露出褐色的新壳。最后裂缝达到最大程度，在40左右，但不大于45，旧壳内的新蟹向后上方高高翘起，在头胸甲的两侧下方吃力地伸展开蜷缩的腿（第四、第五步足，似乎还有第三步足）。借着最后几对步足的"踢腿"动作，把身体抬得更高，同时腹部后缩，开始速度较慢，渐渐加快，不久整个身体蜕出旧壳，头胸甲随即落下合上。旧壳完整无缺，包括内骨骼、鳃以及胃磨中的角质齿板也一起蜕下。

河蟹蜕壳时吸收大量的水分，因而蜕壳后重量明显增加，在以后的生长中，水分逐渐失去，被组织生长所代替。河蟹的生长速度受到环境条件，特别是水温和饵料的制约。一般是早期幼蟹蜕壳次数频繁，刚入湖泊的大眼幼体，4～5天即可蜕皮变成第一期幼蟹，以后每隔5～7天、7～10天相继蜕壳成为第二、第三期仔蟹，随着个体的生长，蜕壳间隔时间渐次延长。如果环境条件不良，蜕壳生长停止。

河蟹的生长，除表现于个体的增大外，还反映在形态的变化上。溞状幼体和大眼幼体两者的形态差异很大，大眼幼体变态为仔蟹，腹部开始折贴于头胸部之下，形态变化也是很大。幼蟹虽和大蟹相似，但在长成大蟹的过程中，形态上还要经过以下一系列的变化。

（1）由大眼幼体变态为仔蟹，其体长大于体宽，这与大蟹在形态上是个很大的区别。随着仔蟹、幼蟹的生长，其体宽的增长幅度比体长的增加要大。体长达1厘米以上的个体，其宽度就大于体长了。

（2）仔蟹头胸甲的前缘，原先中央有一凹陷，两侧各生一个凹陷，这样三个凹陷就形成了4个额齿。

（3）仔蟹的腹部，原都是狭长三角形。外形上难以识别雌雄，以后雌蟹腹部逐渐加宽变圆，而雄蟹仍然保持着长三角形的腹部。

(4) 仔蟹螯足的内外面均无绒毛，体长长到1厘米时，螯足外侧生出绒毛，随后雄蟹长到2厘米、雌蟹长到3厘米时，内侧也生出绒毛。

(5) 仔蟹头胸甲略呈方形，比较平坦，后来渐成六边形，头胸甲表面出现了凹陷和隆起，壳色也由浅渐深，感觉毛由多渐少。

(6) 仔蟹长到体长5厘米左右，体重50～70克时，因其壳色偏黄，俗称“黄蟹”。雄蟹螯足绒毛及步足刚毛较短而稀疏，雌蟹腹部尚未长足，不能覆盖整个头胸甲腹面；卵巢很小，发育时期尚属Ⅰ期，精巢为幼稚型，肝脏的重量远远大于生殖腺的重量。

(7) 河蟹生长达2秋龄，完成最后一次蜕皮成为“绿蟹”。体长6～7厘米，体重135～200克，壳色墨绿。雄蟹螯足绒毛稠密，步足刚毛粗长；雌蟹腹部完全覆盖了头胸甲腹面，腹部边缘的刚毛长而细密，性腺发育变化显著，卵巢迅速进入Ⅱ～Ⅲ期，卵巢的重量接近肝脏的重量，精巢也有所增大。

第三节 河蟹的繁殖习性

一、生殖系统

河蟹雌雄异体，性腺位于头胸部背甲下面，性征明显。

1. 雌性生殖器官

雌蟹生殖器官包括卵巢、输卵管及受精器三部分。卵巢1对，为互相连接的左右两叶组成，呈“H”形，成熟时呈酱紫色或豆沙色，非常发达，布满于头胸甲内，是河蟹最可口的部分，俗称“蟹黄”；输卵管位于胃的后方，由左右卵巢的外侧发出，很短；末梢各附有一受精器，开口于腹甲第五节上，即雌性生殖孔（图1-5）。

卵巢各部位发育不同步。在生殖季节，卵巢可先后分几次产卵，第一批卵成熟后离开卵巢，第二批才迅速发育。以第一批产卵量最大，以后逐批减少。同一批卵发育基本同步，成熟度基本一致。成熟的卵近球形，直径350～380微米，表面光滑，卵黄颗粒

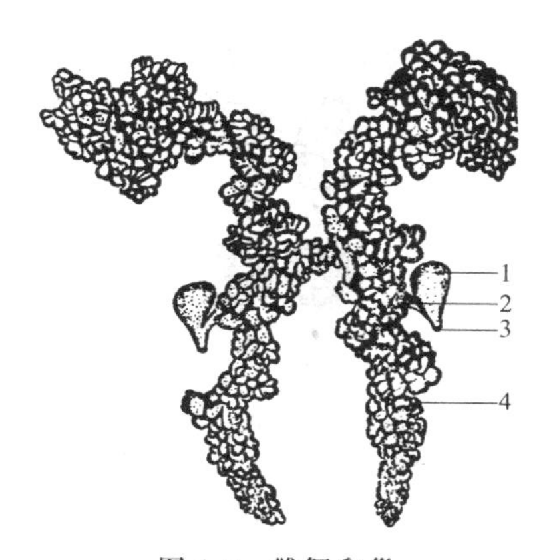

图 1-5　雌蟹卵巢

1—纳精囊；2—输卵管；3—雌孔；4—卵巢

粗大，为中黄卵。

2. 雄性生殖器官

河蟹雄性生殖器官包括精巢、输精管及副性腺。精巢呈乳白色，1 对位于心脏与胃之间的背两侧，左右精巢末端有一横枝相连，后端各有一条输精管；输精管前部，细而盘曲，产生分泌物，形成精荚，为腺质部，之后扩大为贮精器用来贮藏精荚；末端为射精管，肌肉发达，与副性腺汇合后开口于腹甲两侧，即为雄性生殖孔。副性腺分泌物黏稠、乳白质、精巢、输精管、副性腺合称为“蟹膏”，是河蟹的精华部分（图 1-6）。

在精巢外围的生殖上皮内有许多生精小管。精子发生是分批同步进行的。在同一生精小管内有 2～3 批不同成熟度的生殖细胞，帮精巢能连续不断地产出精子。河蟹精子无鞭毛，呈不规则的扁球形，直径约 4.5 微米。

二、性腺发育

雄蟹精巢发育在季节上略迟于雌蟹卵巢。在外观上精巢发育是透明乳白色体逐渐膨大的过程，很难分期。8 月份后达到最大体积，并进入生殖季节。卵巢发育按照外形、色泽和卵细胞的生长情

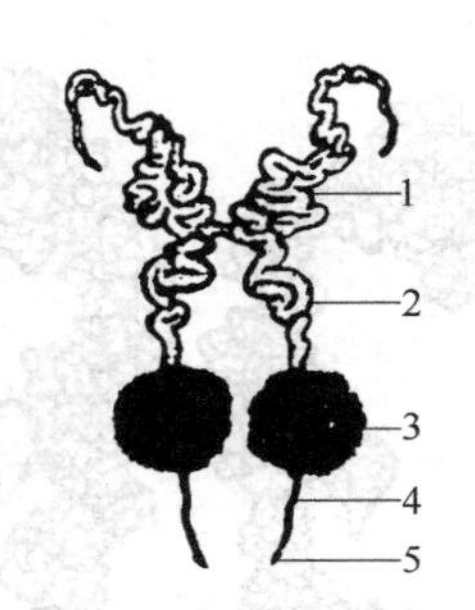

图 1-6 雄蟹生殖腺

1—精巢；2—射精管；3—副性腺；4—输精管；5—阴茎

况可分为 6 个发育期。

第Ⅰ期：性腺细小，乳白色，重仅 0.1～0.4 克，外形上很难和初期精巢分辨开来。

第Ⅱ期：卵巢呈淡粉红色或乳白色。体积增大，比第Ⅱ期大了 1 倍多。重 0.4～1 克，卵母细胞处于缓慢的小生长期。肉眼可分辨出雌雄性腺。

第Ⅲ期：卵巢呈紫色或橙黄色，重 1～2.3 克，肉眼能见细小的卵母细胞。卵母细胞由小生长期进入大生长期，发育速度加快。

第Ⅳ期：卵巢呈紫褐色或豆沙色，重 5.3～9.5 克，和肝脏重量相当，卵粒清晰可见，卵巢发育接近成熟。

第Ⅴ期：卵巢呈酱紫色，体积明显增大，重 10.3～18.3 克，充满于头胸甲下。卵巢柔软，卵粒大小均匀，卵粒增大到直径 320～360 微米，游离松散。属于产前时期。

第Ⅵ期：卵巢因过熟而退化，出现黄色或橘黄色卵粒。卵巢体积缩小。

三、生殖洄游

河蟹在淡水中性腺发育成熟后，经蜕壳成为“绿蟹”，就结束分散式生活。河蟹集群结队，离开原先的生存场所，沿通海江河顺流而下，到达河口浅海里交配产卵，其盐度为 15‰～8‰。这就是河蟹生活史中的生殖洄游，这与它对繁殖有特定的生理、生态要求有关。生理要求是盐度，盐度通过影响渗透压促使性腺进一步成熟。生态要求是水流和水温，水流是河蟹降河洄游的导向，适宜的水温有利于性腺的发育。

进行洄游的河蟹基本上是绿蟹，只有少部分黄蟹洄游，且性腺已接近成熟，在洄游过程中蜕壳变为绿蟹。我国河蟹的生殖洄游时间，在每年的 9～12 月份，北方早于南方。长江流域的江浙一带，霜降前后达到高峰，立冬基本结束。

四、交配产卵

每年 12 月至翌年 3 月上、中旬是河蟹交配产卵的盛期。在水温 8～14℃，盐度 8‰～33‰的海水、河口半咸水或人工配制的海水中，不久便可交配。交配多在深水区，这是因为深水区水温高、温差小的缘故。交配时雄蟹首先进攻雌蟹，整个交配过程短则数分钟，长达 1 小时。河蟹有多次交配的习性，即使已抱卵的河蟹也有此例。

雌蟹交配后在水温 6℃以上、盐度在 8‰以上，经数小时至数日产卵。产卵时，雌蟹往往用步足爪尖着地，抬高头胸部，腹部有节奏地一开一闭地扇动。体内成熟的卵经输卵管与纳精器内输出的精液汇合由生殖孔产出，精卵结合完成受精。卵一股一股地从产卵孔产出，大部分先堆集于雌蟹腹部，并黏附在腹部腹肢内肢的刚毛上，只有小部分卵球因腹肢外肢刚毛包不着而散落水中。这种蟹称为抱卵蟹。

河蟹在淡水中也偶见交配现象，但绝不能产卵、抱卵。海水盐度的刺激，是河蟹产卵受精的一个必需的外部条件。盐度在 8‰～33‰时河蟹均能顺利产卵；低于 6‰，则怀卵率和怀卵量均下降。

河蟹的怀卵量与体重成正比。体重 100～200 克的雌蟹，怀卵量达 30 万～60 万粒，甚至可达 80 万～100 万粒。但是第二次产卵量比第一次少，只有几万粒至十几万粒。

五、胚胎发育

刚产出的河蟹受精卵呈酱紫色，卵径在 0.3～0.4 毫米之间，属中黄卵。卵子表面光滑，不久受精卵出现缢痕，进行卵裂。经多细胞期、囊胚期、原肠期等阶段。原肠后期，胚内原生质流动。在一侧出现新月形的透明区，即为胚体部分，从而与卵黄块区别开来。随着胚胎的继续发育透明区愈来愈大，卵的颜色愈变愈淡，头胸部腹肢及其他附肢已有雏形。复眼相继形成；心脏原基出现，不久心脏开始搏动。卵外观灰白色，卵黄已缩成蝴蝶状的一块。随着心跳频率加快，卵黄缩小，头胸部出现额刺、背刺、侧刺的原基，胚体进入原溞状幼体阶段。当胚体心跳频率达到每分钟 170～200 次时，胚体开始破膜而出，诞生出第一期溞状幼体，胚胎发育结束。

胚胎发育速度主要取决于水温：在水温 7℃时，胚胎即可正常发育，但速度非常缓慢；在水温 14℃左右时，完成胚胎发育需近 50 天；当水温 23～25℃时，只需 20 天左右。

六、幼体发育

胚胎发育结束，就进入了幼体发育阶段，河蟹幼体发育分为溞状幼体和大眼幼体两个阶段（图 1-7）。

1. 溞状幼体

溞状幼体因形体像水蚤而得名。溞状幼体经五次蜕皮变为大眼幼体。蜕皮一次就分为一期，故溞状幼体有五期。每次蜕皮形体增大。形态上也有细微的变化。但基本形不变。

溞状幼体分为头胸部和腹部，头胸部由头胸甲包被，前端生有方向相反的两根长刺，一为额刺，一为背刺。额刺基部有一对复眼。口位于头胸部腹面，腹部细长、分节，最后为分叉的尾节，肛门开口于尾节和前节交接处的腹面正中。

溞状幼体只能生活在海水中，依靠颚足外肢的划动和腹部的屈伸而运动。有趋光性和集群性。后期溞状幼体还具有较强的溯水能

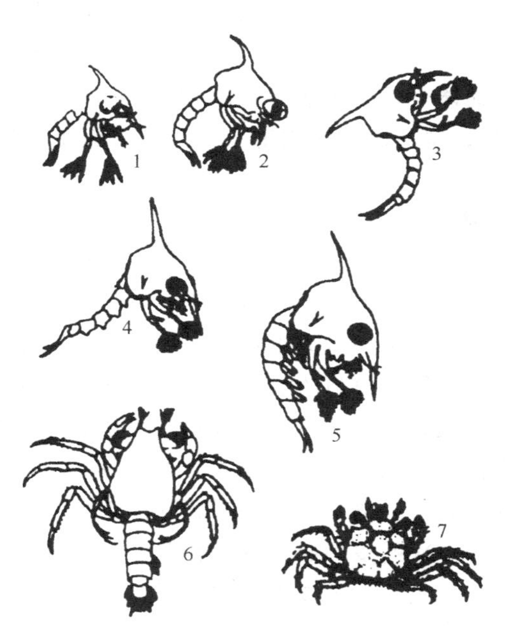

图 1-7　河蟹幼体及稚蟹

1～5—第 1～5 期溞状幼体；6—大眼幼体；7—稚蟹

力。摄食有滤食和捕食两种方式。食性很杂，可食单细胞藻类、轮虫、担轮幼虫、卤虫幼体、沙蚕幼体、蛋黄、豆浆等，并有以大吃小、互相残杀的现象。

溞状幼体各期的鉴别：除观察幼体个体大小之外，主要是第一、第二颚足外肢刚毛数和尾叉内侧缘刚毛对数以及胸、腹肢的长短。

第Ⅰ期：幼体全长 1.5 毫米左右，第一、第二颚足外肢末端的羽状刚毛 4 根，尾叉内侧缘刚毛对数为 3 对。

第Ⅱ期：幼体全长 2.0 毫米左右，第一、第二颚足外肢末端的羽状刚毛 6 根，尾叉内侧缘刚毛 3 对。

第Ⅲ期：幼体全长 2.7 毫米左右，第一、第二颚足外肢末端的羽状刚毛 8 根，尾叉内侧缘刚毛 4 对。

第Ⅳ期：幼体全长3.5毫米左右，第一、第二颚足外肢末端的羽状刚毛10根，尾叉内侧缘刚毛4对。开始出现胸足与腹肢雏芽。

第Ⅴ期：幼体全长4.6毫米左右，第一、第二颚足外肢末端的羽状刚毛12根，尾叉内侧缘刚毛5对。第三颚足长出，胸足基本形成。

2. 大眼幼体

身体扁平，背面由头胸甲覆盖。额刺、背刺、侧刺消失。眼柄伸出，复眼着生于眼柄末端，露出眼窝，因而得名。腹部7节，尾叉消失。胸足5对，第一对为钳状。腹部狭长，腹肢5对，为主要游泳器官。大眼幼体有较强的游泳能力。当它爬行时，腹部就弯曲在头胸部之下。大眼幼体有较强的趋光性和溯水性，能适应淡水生活，对淡水水流较敏感，往往顺着江河溯水而上，有时也攀附在岸边或水草等附着物上。离水后保持湿润可存活2～3天。

大眼幼体经一次蜕皮即成幼蟹，腹部弯曲于头胸部之下，腹部附肢减少，基本上失去游泳能力，转而开始营爬行生活。

第二章 河蟹的苗种来源与鉴别

第一节 河蟹的苗种来源

河蟹的苗种来源有两个，一是天然苗种，二是人工繁育的苗种。

一、天然苗种

1. 天然蟹苗

我国天然蟹苗资源分布较广，北起辽宁省的辽河口，南至福建省的闽江口，数千公里的沿海河口均有蟹苗的分布。辽河口、长江口、钱塘江口、杭州湾、瓯江口、闽江口是天然蟹苗的主要产区，其中又以长江口的资源量最大，其次为钱塘江口。近10年来，瓯江口和辽河口的资源量大幅度增长，形成了长江口、瓯江口、辽河口三大蟹苗主产区。

长江口蟹苗产区，以其蟹苗产量高、苗体质量好而成为我国最著名的天然蟹苗产区。长江口蟹苗产区包括长江口向西的崇明、启东、海门、太仓、常熟等沿江县市，其中又以崇明、常熟、启东、太仓等地的产量最高。

瓯江口蟹苗产区，主要分布在沿瓯江海口的瑞安、瓯海、苍南、平阳、乐清等县市。虽然在品种、质量上次于长江水系蟹苗，但这几年在湖北、江苏、浙江等地养殖，一般个体也能达到100～150克。

辽河口蟹苗产区，主要分布在辽宁省的盘山、大洼、合安、海城等县市。

2. 天然蟹种

凡是有蟹苗资源的地方，一般都有天然蟹种资源。但因不同地方蟹苗的质量、数量不同，其天然蟹种的质量和数量也有明显的差异。目前，天然蟹种主要来自长江、瓯江、辽河三大水系。

就长江水系蟹种资源而言，由于长江上游葛洲坝的建设，加上长江沿岸工业废水的排放，致使长江口的蟹苗很难形成苗汛，而且蟹苗分散。这些分散的蟹苗，因索饵而上游，沿崇明、启东、海门、常熟、太仓到江阴、芜湖等长江江段，不断地向上游运动。每年海口处发苗1周后，下游闸口就可捞到上溯的幼蟹。即使在长江海口处未能形成苗汛的年景，也可以分散地捕到一定数量的幼蟹。因为从6月初蟹苗汛期起，一些未被捕捞的蟹苗便从河海口向长江上游分散觅食，生长发育。经过几个月后，冬季到来、水温下降，慢慢长大的蟹种早已习惯了河底爬行、隐居的生活，就到沿江河深水处越冬。待到翌年春季到来、水温回升之时，蟹种便成群结队地到上游去寻找更适宜栖息、生长的环境。这些集中溯河洄游的河蟹，就形成了蟹种的春汛。一般来说，从上一年的11月至翌年的6月份，均有天然蟹种可捕，但真正形成蟹种汛期的是每年的2月至3月的中、下旬。二三月的蟹种规格，每千克蟹种有150～200只。这种规格的蟹种，最适合人工养殖。

长江水系蟹种资源，以从江苏省的江阴到安徽省的芜湖数百公里江段中捕捞的蟹种，数量最多，质量最好。

二、人工苗种

1. 自然海水工厂化育苗

此法是目前河蟹人工育苗采用最多的一种方式。即利用原有的对虾或海带的育苗设施，稍加改造用来育苗。用这种方法育苗，育苗量大，水温、盐度可以控制，但其技术难度大、要求高，对设备的要求也高，育苗的成本大。每立方米水体可生产蟹苗0.1～0.5千克，最高可达1千克。

2. 自然海水土池育苗

此法是利用沿海的养虾池、养鱼池改造后用来繁育蟹苗。其方法简便，成本低廉，容易推广，但水温、盐度不易控制。每亩水面可生产蟹苗 5～10 千克，最高可达 30 千克以上。

3. 人工配制海水工厂化育苗

此法是通过修建工厂化育苗设备，人工配制海水来繁育蟹苗。这种方法可以在内陆应用，做到就地育苗、就地放养，但其技术难度更大，规模生产不稳定，且成本高，风险大。每立方米水体可生产蟹苗 0.25 千克左右。

人工繁育的蟹苗，群体发育阶段较一致，有利于同步发育，能避免大小蟹苗之间互相残杀，提高苗种成活率；其蟹苗均为高日龄的淡化苗，可直接放养到淡水中，且成活率高；杂质少，无假苗。

近年来，由于河蟹养殖业的迅猛发展，使河蟹苗种日趋紧张，因此有许多劣质蟹种甚至假苗（如相手蟹，俗称蟛蜞或螃蜞，无养殖价值）、性早熟蟹种及混杂蟹种充斥市场，而且转手倒卖、长途贩运使蟹体受伤，肢体残缺。这样的苗种对异地的水质、气候环境难以适应，养殖成活率很低（一般只有 20%左右）。所以，选购好苗种，是河蟹养殖成败最为关键的一环。

若选购人工苗种进行养殖，首先要对育苗场进行了解，调查亲蟹的来源、规格，以及往年蟹苗成活率等情况；其次要掌握蟹苗的体质、规格及淡化时间，要求体质健壮、规格整齐（每千克 14 万～16 万只）、无杂质、无残饵、体色一致，发育阶段为 4～6 日龄（水温高时日龄可偏低，水温低时则偏高），活动能力强，盐度在 4‰以下。

若选购天然蟹苗进行养殖，要在事先掌握好蟹苗汛期时间的情况下，适时进苗。蟹苗汛期的一般规律是由南向北推移，闽江口、瓯江口的汛期为 5 月中旬至 6 月初；长江口的汛期为 5 月下旬至 6 月中旬，7 月初结束；辽河口的汛期为 6 月下旬至 7 月中旬。汛期季节性强、时间短，它与潮汐、气温、雨量、风向、水质等有关。一年中具有捕捞价值的蟹苗汛期一般只有两汛，前后 15～20 天，其中蟹苗旺发的高峰期仅 2～3 天。高峰期的品种较纯，其他时间则比较混杂。

若选购天然蟹种进行养殖，要在掌握几个主要蟹种的基本特征后，根据自己的需要选购适宜本地养殖的品种。几个主要蟹种可以从体色上加以识别：长江蟹种有青背、白肚、黄毛、金爪的特征，其幼蟹的背甲为淡灰黄色，个体越小色泽越淡；辽河蟹种体色偏黑、少光泽，其幼蟹的背甲为灰黄色并带褐色花斑；瓯江、闵江蟹种体色难看，螯足与步足呈黑色，腹部为灰黄色并夹杂着铜锈色，无光泽。

第二节　蟹种的质量鉴别

全世界有 4600 余种蟹，我国也有 800 多种，河蟹只是这个大家族中的一个种。然而，不同水系出产的蟹种为不同的品系，即使同一品系（河流）的蟹种也存在着不同的生态群，同一生态群中还存在着不同发育阶段的个体，所以说，蟹种鉴别是一件非常复杂的事情。近年来，我国河蟹养殖业发展迅猛，但由于苗种匮乏，市场出现混乱，给一些养殖者造成了损失。因此，作为河蟹的养殖者，掌握蟹种质量鉴别技术是十分必要的。

一、不同水系河蟹蟹种的鉴别

一看体色，二看额齿，三看侧齿，四看螯足，五看步足。

长江水系蟹种，背甲为淡灰黄色；甲壳为圆方形，额缘平直，4 个额齿均尖锐，中间一缺刻最深；背甲前侧缘左右两边各具 4 个尖锐侧齿，第四侧齿小而尖，清晰可见；螯足掌节与指节基部的内外面都密生绒毛；第四步足前节（靠指节）较长而窄，刚毛较密。

辽河水系蟹种，背甲为灰黄色带褐色花斑；步足偏短；背甲额部的 6 个疣状突中的下方 2 个疣状突不明显。

瓯江、闽江水系蟹种，腹部为灰黄色掺铜锈色；4 个额齿中，两边尖锐，中间钝圆；4 个侧齿可见，但不明显；第四步足前节较短而宽，刚毛稀少。

二、同属蟹种的鉴别

绒螯蟹属有四个种，即中华绒螯蟹、日本绒螯蟹、直额绒螯蟹和狭额绒螯蟹。它们共同的基本特征有：螯足密生绒毛；额平直，有 4 个锐齿；额宽小于头胸甲宽度的一半；第一触角横卧，第二触角直立；第三颚足长节的长度等于其宽度。

四种绒螯蟹在我国均有分布，其中中华绒螯蟹分布最广，从北方的渤海到南方的南海的辽阔海滩、河口均有分布，特别盛产于长江流域。日本绒螯蟹主要分布于福建、广东、台湾等省区东南沿海一带。直额绒螯蟹仅见于广东、台湾等省区的半咸水水域及泥滩。狭额绒螯蟹分布在辽宁、广东、台湾等省区的海岸。四种绒螯蟹中，只有中华绒螯蟹有较高的养殖价值，养殖生产者在选购蟹种时，一定要认真鉴别。

1. 中华绒螯蟹（*Eriocheir sinensis*）

中华绒螯蟹的头胸甲的背面隆起；额宽，有 4 个尖锐的额齿，形成 3 个缺刻，居中的一个缺刻较两边的更深；额后有 6 个突起，前侧缘有 4 个齿，第四齿小而明显；螯足掌部与指节基部内外表面都生有绒毛，腕节内末角有一锐刺，长节背缘近末端处也有一刺；4 对步足长节末端处均有一刺，腕节与前节背面均有刚毛（图 2-1）。

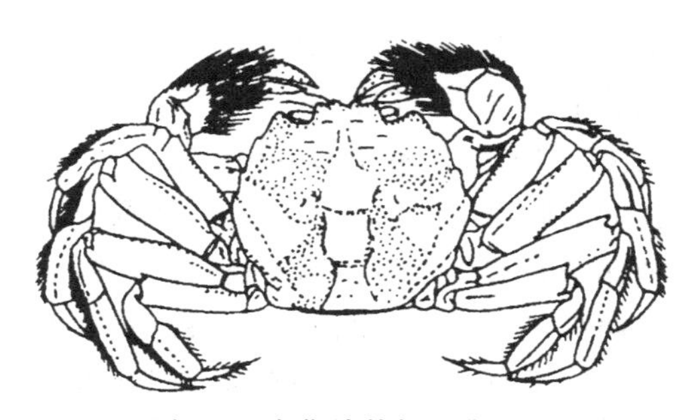

图 2-1　中华绒螯蟹的背面观

2. 日本绒螯蟹（*Eriocheir japonicus*）

日本绒螯蟹的头胸甲前半部比后半部狭窄；4个额齿的中间2个比较钝圆，左右旁侧的额齿比较尖锐；前侧缘有4个齿，第四齿发育不完全，只留有痕迹，有时则变为小刺；螯足的长节腹缘有刚毛，前节长有密而厚的绒毛，一直扩展到腕节的末端及两指的基部，两指的内侧较钝；步足的长步前缘、腕节前缘和前节的前后缘都长有刚毛，指节的前后缘也有较短的刚毛（图2-2）。

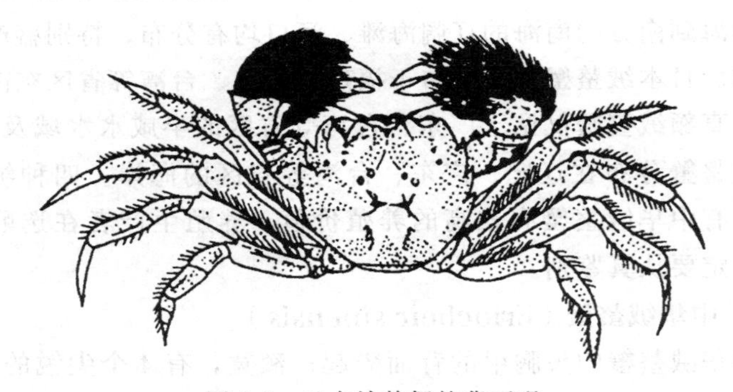

图2-2 日本绒螯蟹的背面观

3. 直额绒螯蟹（*Eriochier rectus*）

直额绒螯蟹的头胸甲比较扁平；额齿不明显，肝区表面下凹；前侧缘比较直，有4个齿，第四齿发育不全；螯足短，仅外表有毛，内侧表面无毛；指节有槽，切断缘有7～8个刺状齿；步足长节前缘有毛，后缘也有毛，腕节、前节及指节仅有黑色绒状细毛，无长毛；指节比前节短（图2-3）。

4. 狭额绒螯蟹（*Eriocheir leptognathus*）

狭额绒螯蟹的头胸甲的表面较平滑，肝区低而平；额较窄，额齿不太明显；前侧缘只有3个齿，第一齿最大，第三齿最小；第三对颚足瘦而窄，两颚足之间的空隙较大；螯足长节内侧末半部有软毛，前节外侧有些细微颗粒，有一条颗粒隆线延伸到不动指末端，雌蟹更为明显，内侧及两指基部内侧有绒毛；步足瘦长，各对步足

图 2-3　直额绒螯蟹的背面观

前后缘都具刚毛，第二对步足前节和指节的背面各有一列较长的刚毛（图 2-4）。

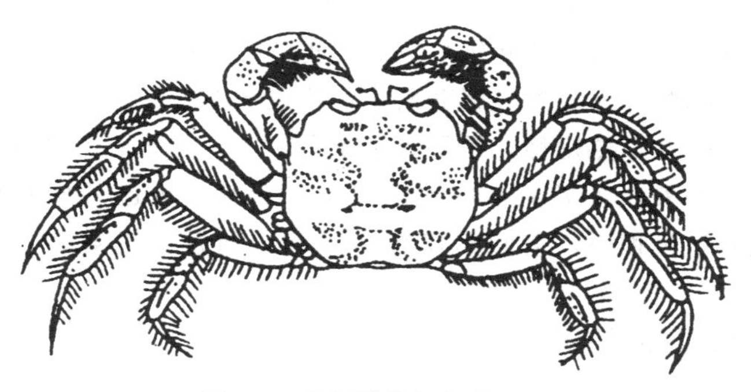

图 2-4　狭额绒螯蟹的背面观

三、蟹苗与蟛蜞苗的鉴别

由于长江口等天然蟹苗场生产的蟹苗中杂有少量的蟛蜞（相手蟹），但从外观上又很难辨认出蟛蜞苗和蟹苗。这给养殖者选购长江天然蟹苗带来困难。目前比较有效的办法有两种，一是在显微镜或解剖镜下辨别，这一点一般养殖户难以做到；二是从规格上加以区分，即取 1～2 克蟹苗抽样过数，长江天然蟹苗的规格为每千克在 16 万只左右，且眼点小，眼柄短；而蟛蜞苗的规格小，一般每千克有 20 万只，且眼点大，眼柄长。

四、正常蟹种与性早熟蟹种的鉴别

河蟹性早熟是指蟹种经一年培育之后性腺即已成熟，并停止生长，体重一般不足 50 克，既达不到商品规格，又无养殖价值。目前，在蟹种生产中普遍存在蟹种出池规格偏大，性成熟蟹比例过多的问题。这部分蟹种即为性早熟蟹种。

1. 性早熟蟹种的危害

性早熟蟹种对河蟹生产往往会造成较大危害。一般来说，正常蟹种的性腺为第二年秋末冬初达到成熟，其寿命雌蟹约为 24 个月，雄蟹约为 22 个月。而性早熟蟹种的寿命，雌蟹一般为 12 个月，雄蟹一般为 20 个月左右。性早熟蟹种的越冬成活率很低，仅为 30%～40%，且在第二年 3～7 月份停止生长，并陆续死亡，至 7 月份全部死亡，给河蟹养殖户造成严重的经济损失。

性早熟蟹种还会给成蟹养殖生产构成潜在威胁。一些成蟹养殖户往往误购性早熟蟹种，结果到了秋冬时节，几乎收不到成蟹。若误购了那些外观虽尚无性成熟的特征，但其性腺已开始发育的蟹种，在养殖过程中，它们不仅容易发病，而且成蟹规格小，回捕率低。

2. 性早熟蟹种的生物学标志

雌性河蟹的性腺发育至第Ⅰ期时，正处于青春期蜕壳的高峰，故以雌蟹的卵巢是否发育到初级卵母细胞期、雄蟹的精巢是否发育到初级精细胞期作为判断它们是否进入性早熟的没有生物学标志。打开蟹种的头胸甲，如在肝区上看到 2 条紫色条状物，且有卵粒即卵巢，或有 2 条白色块状物即精巢，则表明性腺已成熟。若只看到橘黄色的肝脏，则表明性腺未成熟。卵巢的部位请参照本书第一章中华绒螯蟹雌蟹内部构造，精巢的部位请参照中华绒螯蟹雄蟹内部构造。

3. 正常蟹种与性早熟蟹种的鉴别

目前，在生产上通常采用比较直观的根据外部形态来鉴别正常蟹种和性早熟蟹种。

一看体色。正常蟹种的头胸甲背甲的颜色为淡黄色，背甲比较平坦，起伏不明显，即所谓“黄蟹”；而性早熟蟹种的背甲为墨绿色或青色，其蟹纹明显，背甲凹凸不平，即所谓“绿蟹”。

二看腹脐。正常雌性蟹种腹脐的最末一节呈等腰（或等边）三角形；而性早熟雌性蟹种腹脐的最末一节呈扇形，且周围长有密而长的绒毛。正常雄性蟹种的交接器硬度较小，未骨质化，用手捏时犹如塑料管子，弯折时易弯不易断；而性早熟雄性蟹种腹脐凸出腹甲，交接器已经骨质化，坚硬呈管状，用力弯折时易断不易弯。

三看附肢。正常蟹种螯足掌节部没有绒毛或有疏而短的绒毛，且绒毛的颜色多为浅黄色；而性早熟蟹种螯足的绒毛密而长，绒毛在靠近不动指基部和可动指基部以及掌节内外侧面分布为连续性的。正常蟹种步足上的刚毛短而细；而性早熟蟹种步足上的刚毛粗而长。

四看壳宽、体重。对于1秋龄雌蟹，体重大于29.8克、壳宽为4.03厘米的蟹种，已全部成熟；体重小于13.1克、壳宽为3厘米的蟹种均未成熟；体重在13.1～29.8克之间的蟹种，既有已成熟的，也有未成熟的。对于1秋龄雄蟹，体重大于26克、壳宽为3.91厘米的蟹种，已全部成熟；体重小于12克、壳宽为2.66厘米的蟹种，均未成熟；体重在12～26克之间的蟹种，既有成熟的，又有未成熟的。

第三章 河蟹的人工繁育苗种

第一节 河蟹的繁殖与苗种培育

人工育苗和繁殖的生产过程：首先在立冬前后收集亲蟹，经越冬培育后，适时进行人工促产而获得抱卵蟹，对抱卵蟹进行孵幼培育，使受精卵在人为控制的环境中孵化出第Ⅰ期溞状幼体，溞状幼体经过5次蜕皮变态，成大眼幼体（蟹苗）。

一、蟹的选留

亲蟹的来源一般有两个：一是每年冬春季从河口或沿海捕抱卵蟹；二是每年秋季蟹汛时，从各淡水水域捕绿蟹进行培育，越冬前后、翌年春节和3月份分三次配组，促产成抱卵蟹。亲蟹选留应注意以下几点。

（1）一般选纯正的长江水系中华绒螯蟹最好。因为这种蟹苗种经过大风大浪的锻炼和大自然的选择，多数身强力壮、抗逆力强，具有长江中华绒螯蟹的典型特征，特别是长江里生长的天然扣蟹种长成的大蟹优势更强，所繁育的后代纯正优良，能长成大蟹。

（2）选择亲蟹的规格较大一点好。因个体大小对后代的个体发育是有遗传性的，在一般情况下，生物个体大生大、小生小是常规，河蟹也不例外。

（3）1龄蟹不能作亲蟹。1龄蟹的来源有两个：一个是早繁苗种养成的，另一个是扣蟹种里挑出来的早熟蟹，这两种蟹都不能作亲蟹。因为它们都有早熟的遗传因素，而且个体较小，对后代的发育生长有一定的影响。实践表明，凡是用这两种蟹作亲蟹繁殖的后代，成活率低，早熟个体偏小。

（4）小池塘的蟹一般不能作亲蟹。因为小池塘的活动范围较小，生态条件较差，使蟹产生惰性，活力差，受病毒或细菌感染较多，性腺成熟程度较大。选这种蟹作亲蟹弊多利少。因此，从水域的角度来讲，应选湖泊、江河等水深面阔、水质好的大水面养殖的壮蟹来作亲蟹。

（5）选用不同水域的雌雄亲蟹交换配比促产。其目的是防止近亲交配，因为近亲交配往往会使后代退化。

（6）捕捞长江洄游亲蟹和抱卵蟹应注意：①剔除非长江水系的亲蟹和抱卵蟹；②剔除未成熟的1龄蟹及早熟蟹；③所选的长江蟹都要暂养，强化饲养管理，促其肥壮。

（7）亲蟹应选留壳硬、肢全、活泼、健壮、无伤病、无畸形、无附着苔藓等生物。雄性可进行多次交配授精。亲蟹的雌雄常规比例为（2～3）∶1，早苗或特早苗雌雄亲蟹为（1～1.5）∶1。

二、亲蟹的运输

收齐亲蟹后便可用筐、笼、蒲包等运输。要求筐子长、宽、高为60厘米×40厘米×40厘米；笼子呈腰鼓形，高40厘米、腰径60厘米；蒲包容量5～6千克，起运前将笼浸湿，并垫些水草，将亲蟹腹部向下平放在水草上，层层压紧，防止其爬动。蒲包不垫草，但应放好扎紧。起运时喷洒一次水后再装上车或船或飞机，运输途中防止风吹、雨淋、日晒、高温、强烈颠簸和通气不良。如能按要求办，在气温3～15℃时运输2～3天成活率可达90%以上。

三、亲蟹的饲养管理

为了使亲蟹顺利越冬和交配产卵，应将收来的亲蟹进行精心饲养。饲养时，雌雄分开。如果收亲蟹时间早，蟹又不壮，先在淡水里强化促肥，否则，就直接在盐度10～30的海水里饲养，饲养的方法有以下两种。

1. 池塘散养

（1）室内水泥池饲养　寒冷的北方在水泥池饲养。放蟹前的水泥池先用100毫克/升漂白粉或200毫克/升高锰酸钾冲洗消毒，再用淡水冲刷干净。池底铺5～7厘米厚的黄沙，其上用砖瓦构筑蟹洞。池周要有防逃设施，池内保持水深70厘米以上，放养密度10～15只/米^3，溶解氧保持5毫克/升，低时应及时充氧。池内水温保持相对稳定，前期一般为4～7℃，中、后期视促产时间需要逐步升到12℃。池内要保持水质清新，每2～3天吸污一次，每次换水10～30厘米。

(2) 室外土池饲养　南北方可应用。从实践来看，一般用土池较好。要求建好防逃设施，池水深保持1.5～3.0米。土池在放亲蟹前半个月，用生石灰或漂白粉进行常规清池消毒，以杀灭敌害。老池还要清除淤泥。清池消毒后约需半个月，即待消毒剂余毒消失后再放养亲蟹。放养密度，淡水饲养的放亲蟹2000～2500只/亩，海水饲养的放1300～2000只/亩。

2. 笼养

笼子用竹编或硬质塑料网制作。做法与室内暂养亲蟹的方法相似。因放养时间较长，密度要小，每笼不宜超过10只，而且要经常供应足够的饲料，以减少由于争食等相互钳斗造成伤残。此法适用于家庭小规格饲养。

四、亲蟹饲养管理措施

不论是池养，还是笼养，雌雄和大小均应分开，加强饲养管理。亲蟹的饲养管理措施主要有以下三项。

一是投饵，咸带鱼、小杂鱼、蛤肉、沙蚕、螺肉、蚌肉、蚕蛹、稻谷、大麦、山芋、动物下脚料等，大块的要切碎投喂。在水温10℃以上时，每1～2天投喂一次料，投饵量占蟹总重的3%～5%。水温下降时减少投饵料次数和数量，投饵量占蟹总重的0.5%～1%，水温6℃以下时停喂。操作时投料量视蟹的摄食情况而定，如果水温高，亲蟹摄食旺盛，可多投喂一些。反之，则少投喂。一般的动物性饵料应占投饵总量的40%以上。准备翌年春天促产的亲蟹，动物、植物饵料3∶7投喂，不喂或少喂咸带鱼等海产饵料。

投喂地点，池塘一般在其周边或土埂、土墩及水草上。池子大的还应做食台。笼养的，则把饵料投放在笼内的食台或水草上。

二是换水，在饲养过程中应保持池塘水质清新，溶解氧充足，一般每3～5天应换池水1/2，水温下降至6℃以下时，减少换水。

三是防逃，池养的要建好围栏设施，笼养的要封好笼口，并经常检查是否有漏洞，如有，应及时修复。

五、亲蟹暂养

暂养的主要方法有笼养和室内湿放两种。

（1）笼养　可选用竹篾或硬质塑料网制作，呈腰鼓形或方形，体积为0.3米^{3}左右，每笼放25～30只亲蟹，雌雄分开装笼悬吊于水质清新的湖、河或池塘里，定期检查投料。此法暂养时间较长。

（2）室内湿放　一是将装满新蟹的笼子放在室内暂贮，此法每天洒水2～4次，使亲蟹的鳃保持湿润，暂贮时间不要超过3天；二是将亲蟹放在室内光壁水泥池内，池内只能放2～3厘米深的水，并每隔2小时换水一次，以保证蟹体清洁、湿润和氧气的供给。

六、抱卵蟹的收捕

抱卵蟹的来源有两个：一是利用自己或别人人工促产的抱卵蟹；二是收捕天然抱卵蟹。前者在促产部分不再重复，后者尚需要作简要介绍。

天然抱卵蟹可以在1～3月（南方地区）气温开始回升，在沿海或河口捕得。天然抱卵蟹一般体质强壮，肢体齐全，不染疾病。3月初当浅海水温10℃左右时，河蟹出来活动觅食，此时，海边、江河入海口处时而能发现天然抱卵蟹，一般每次捕到的数量不多，收集时应积少成多。

不论是人工繁殖的或天然的抱卵蟹都应符合下列质量要求。

（1）个体在100克以上。

（2）无病、无严重伤残、活泼、强壮。

（3）抱卵蟹量大，一般每只应在20万粒以上。

（4）无死卵。

（5）所捕的天然抱卵蟹离水时间不能过长，宜就地在海水里暂养，但不能浸泡在淡水里。

（6）交配20天左右要检查确定所抱卵的等级标准，一般根据所怀卵粒数量和质量（包括颜色、光泽）而定。一级抱卵蟹卵的数量大大超过腹脐，颜色为豆沙色或酱紫色，呈鲜亮光泽。二级抱卵蟹卵的数量达到腹脐边缘，颜色为豆沙色或酱紫色，呈鲜亮光泽。三级抱卵蟹卵的数量不到腹脐，颜色为米色、蓝色或玉色，光泽较暗。

七、抱卵蟹的运输

如果抱卵蟹亲蟹从外地购买，则需要长途运输。抱卵蟹运输应防止蟹离水时间过长。因离水时间长容易引起掉卵，饥饿的蟹也会自食其卵。抱卵蟹运输应用蟹苗箱或水产塑料箱代替。箱底铺上用海水浸湿的稻草、毛巾或纱布等。将蟹腹部向下平摆一层，然后再将湿毛巾、稻草盖在蟹上面，让稻草充满整个箱底，防止亲蟹来回摆动，如果需叠放，最多不能超过两层。将装好蟹的苗箱5～10层捆扎在一起起运。

运输途中，应注意以下几点。

（1）遮风，尤其用卡车运输时，要用宽大的苫布挡风，不然会把苗箱的水分吹干，使抱卵蟹和蟹卵死亡。

（2）带上海水，以备途中给抱卵蟹洒水，每隔3小时要洒水一次，使箱经常保持湿润。

（3）蟹卵胚胎处于眼点期以后，不宜长途运输，以免胚胎长期缺氧窒息而停止发育。

（4）抱卵蟹运到目的地以后，应立即放入等温度、等盐度的水中充氧饲养。

八、抱卵蟹的饲养管理

1. 抱卵蟹的饲养方式

抱卵蟹的饲养过程也是胚胎发育、幼体孵化的过程。抱卵蟹的饲养只能雌性单养。饲养管理方式主要有以下三种。

(1) 露天池散养　饲养方法与亲蟹相似，即放入抱卵蟹之前，池子要彻底消毒，待药物毒性消失后再放入抱卵蟹，密度 2～4 只/米^2。放蟹前池子要放足水，南方水深 1.5 米以上，北方水深 2～3 米。在饲养中应适当增加投饵量，以增加其营养，积累营养物质，为增强抱卵蟹的体质和顺利产卵打好基础。如果抱卵蟹吃不饱，就会用大钳取腹部的卵粒充饥。在饲养过程中要经常换水增氧，每次宜换 1/3～1/2，以保持水质清新、溶解氧充足。并保持池内水温和盐度的相对稳定。

(2) 控温散养　控温散养抱卵蟹是依孵幼时间的需要而控制水温升降的，其方式有室内水泥池和大棚土池两种。

① 室内水泥池散养，多数是暂时利用河蟹育苗室或饵料、海带、紫菜、鳗鲡等培育室饲养的。

② 大棚土池散养，一般是建造宽 8～10 米、深 1.2～1.5 米、面积 1～3 亩的长方形池沟，池内安装必要的增温、增氧等设施，使池内有较高的恒温，以保证抱卵蟹胚胎发育按计划进行和安全越冬。抱卵蟹自室外移至室（棚）内前，室内暂养池及管道应消毒刷洗，池内所加的海水盐度、温度应与移出塘基本一致。而后将抱卵蟹冲洗干净，剔除雄蟹，按 8～15 只/米^3 的密度投放池内。

(3) 海水中笼养　蟹笼用竹编或聚乙烯网片制作，每只笼体积 0.3～0.5 米^3，放 20～30 只抱卵蟹，笼底部铺卵石，用延绳钩把笼子沉入海水中，深度以在低潮位时不露出水面为准。每隔 7～10 天检查和投喂一次。采用这种方法饲养的抱卵蟹成活率虽较高，但海里大风大浪影响较大，管理也不方便。因此，笼子应放在风浪较小的海湾里，并要改进操作方法。

2. 抱卵蟹的饲养管理工作

(1) 充气　24 小时不间断充气，保持水体溶解氧 5 毫克/升以上。

(2) 人工筑蟹巢　河蟹喜穴居，在暂养池内用瓦片、水泥瓦等搭些人工蟹巢。有的用连根带泥的草坯做穴，不仅能供蟹栖息，而且能防止抱卵蟹爬动直接接触水泥壁砖瓦伤指、脐。蟹巢要适当多搭一些，避免蟹相互拥挤，造成肢体损伤。

（3）控制光照　蟹喜暗光，暂养期间应在池上或屋顶上挂些黑窗帘，用以遮光。

（4）投饵　暂养蟹必须以充足的优质饵料供其摄食，一来防止饥饿的蟹挖卵充饥，二来可增强蟹的体质。蟹体质强，腹部扇动的频率快，卵的发育才能得到充足的氧气，才能使幼体顺利出膜。抱卵蟹的饵料以其爱吃的小杂鱼、青蛤、杂色蛤、沙蚕、山芋等为主。投喂应避免频繁更换饵料品种，每一个新的品种刚投喂时，总有1～2天摄食量减少，对蟹不利。投饵量以略有剩余为限，水温10℃时，投饵量为蟹群体重的1.5%～2%，以后随着水温升高投饵量也要相应增加。每天投饵两次，早晨投全天饵量的1/3、晚上投2/3，饵料要求新鲜，并冲洗干净，鲜活最好。蛤类要用刀劈开，小杂鱼要用刀剁碎，沙蚕用开水烫死，经高锰酸钾消毒后再撒入水中。

（5）换水　暂养期间，要保持水质清新，每日换水一次，换水量100%。水放干后，同时清除残饵及死蟹，加水时要加等温度、等盐度的水。

（6）温度　温度同胚胎发育有着密切的关系，在适温的范围内，温度越高，胚胎发育越快，但要注意升温循序渐进，不能升温过快，幅度过大，否则容易造成胚胎畸形。抱卵蟹刚入池时，一般室外水温10～12℃，移入室内后首先在自然温度下暂养1～2天，使蟹逐渐适应新的环境。当蟹活动摄食转入正常后开始升温，升温幅度每天不超过1℃，当温度超过12℃时，胚胎发育开始启动。升温的速度应与胚胎发育的速度同步。准备培育的抱卵蟹，饲养的水温不宜超过18℃，以控制胚胎发育过快。刚入池时，蟹胚胎发育一般在囊胚期，随着时间的推移，依次经过原肠期、眼点期、心跳期，卵的颜色也由酱紫色逐渐变成灰白色。当心跳速度达到160次/分以上时，即标志着幼体即刻破膜，应立即准备布幼。

九、河蟹的人工促产

每年10月下旬至翌年3月上旬，是天然河蟹交配产卵盛期，由于我国南北方的气温悬殊较大，一般南方较早，北方较晚。具体促产时间，应根据育苗适宜的时间确定。

1. 天然海水人工促产

天然海水人工促产的做法有以下两种。

（1）先淡养后咸促 有的单位先将亲蟹雌雄分开放在淡水饲养催肥一段时间，而后再把它放在盐度10～24和水温10～16℃的水池里饲养几天，使其由生长成熟变为生理成熟后再雌雄配比促产。促产时的海水盐度和水温同前。从促产到幼体出膜至少要一个月的时间。在10℃以下低温条件下贮养的抱卵蟹5～6个月后仍可正常孵化。出苗的时间最早可安排在前一年的12月下旬，最晚可安排在当年7月上旬。据此，可从10月下旬至翌年3月上旬分2～3批促产。如是两次促产，春、秋各一次，北方多在秋季，南方多在春季。如是三次促产，第一次促产在10月上、中旬，第二次在翌年1月底，第三次在翌年3月上旬。促产的亲蟹雌雄比一般为（2～3）：1。根据水温和需要促产，可选露天土池、室内水泥池或大棚土池进行。如用水泥池，其池底应铺砂加瓦造穴，周壁以塑料或草帘草坯隔离，这样既可防止磨伤蟹步足腹脐，又能作蟹隐蔽物和洞穴。土池应有深浅水区。深水区水深1.5～3米。雌、雄亲蟹当受到海水盐度刺激之后，马上就拥抱交配，从交配后第二天开始，陆续见到雌蟹抱卵。如雄蟹放得多，促产时间就较短，一般5～7天就可以结束，这时80%以上的雌蟹抱卵。如雄蟹较少，促产时间会延长半个月至一个月。促产后，可将池水抽干，捕出雄蟹，将雌雄分开养殖。这样一则避免雄蟹继续纠缠雌蟹，造成雌蟹伤残；再则，因促产后的雄蟹要陆续死亡，分开养殖能便于及时处理，减少不必要的损失。

（2）直接咸促 将10月上旬收购的亲蟹直接放入海水池里，既让其越冬又让其交配，待到水温8℃时，再将雄蟹捕出，留下抱卵蟹待用，这种方法适用于亲蟹较壮、没有淡水或淡水较缺的地方。笼养就属于其中一种，将蟹笼放在海水池塘中，亲蟹也能顺利交配产卵。

以上两种促产做法各有利弊，但以前一种优点较多：一是使收回的亲蟹得到一个休养生息和增肥促壮的机会，增强亲蟹交配能力和受精率；二是便于科学地掌握雌蟹抱卵时间，有利于安排生产和提高出苗率；三是可以减少雌蟹交配次数，避免雄蟹对雌蟹抱卵的干扰和侵害，提高抱卵量。

2. 人工配制海水促产

在远离海区的内陆地区，没有天然海水的条件下，可以按河蟹繁殖的条件来配制人工海水：盐度为16～24，钙含量为206～296毫克/升，镁含量为546～648毫克/升，氯化钾含量为200～400毫克/升，铁含量为0.02～0.05毫克/升，pH7.8～8.5，透明度1米左右。人工配制的海水，要有化学元素及其含量接近天然海水，才能取得人工促产的成功。人工配制海水促产过程的其他条件和饲养管理措施同天然海水人工促产。

第二节　河蟹的育苗、管理与运输

一、温室培育

1. 培育特点

4月1日之前出池的蟹苗称为早蟹苗，一般早蟹苗只培育仔蟹，不培育扣蟹，利用早蟹苗培育的仔蟹在当年大部分可养成商品蟹。早蟹苗出池时水温较低，要把早蟹苗培育成合格的仔蟹，主要的限制因子是水温。一般在水温达到15℃以上时才能开始放苗培育，而且放苗后要使水温逐步上升，并尽快稳定在适宜水温20～25℃之间，使变态顺利、快速，成活率高。温室培育仔蟹，其优点是可以提前培育出仔蟹，在2月或3月就可以进行蟹种培育，可以有充裕的时间来进行大规格的商品蟹养殖。

2. 清塘施肥

一般在冬季进行，先放干池水，挖去淤泥，修补塘埂、堤埂漏洞，暴晒半月后再放水。培育池消毒在蟹苗放养前10多天进行，每亩用生石灰75～80千克加水溶化，未冷却前全池均匀泼洒，池中需积水5～10厘米，经7～10天，加注新水。如果敌害多，还可用清塘净和敌杀死两次清塘，每亩先用0.8千克清塘净撒于池中以杀死有红细胞的敌害生物，过1～2天再每亩用0.5千克的敌杀死集中撒于龙虾多的水域以杀死龙虾等甲壳类生物，再过6～10天换2次水，以除余毒。幼蟹下池前3～5天，每亩施200～300千克腐熟粪肥，以培养浮游生物饵料。

3. 结构建设

培育池可采用土池，位置应选择在背风向阳、土质较好、不渗漏、水源无污染、进排水方便、靠近电源、交通方便的地方。可在地面上直接开挖，也可以在原有鱼塘的中心沟、环沟或小河沟中截取一段改建。池呈长方形，东西向，宽5～10米，长度不限。池深1.2～1.5米，池底中间深，两边浅，有一定的坡度，便于换水和集苗。斜形大棚，要在培育池北边堆一高出池口1.8米左右、顶宽50厘米左右的埂，埂外侧斜坡状，埂内侧修一条50厘米宽的走道。培育池进水口前建一蓄水预热池，水深40厘米左右，面积可稍小于培育池。每个培育池建独立的进排水系统。池两端各设一小型的进排水闸或管道，进排水口安装过滤网，排水口外建一集苗槽，便于设置网箱集苗。另外，还要准备锅炉用以给培育池增温，培育池内还要安装罗茨鼓风机用以增氧。

4. 投放密度

如准备二级饲养的，一般每平方米放蟹苗1200只左右；如准备三级饲养，第一级2月中下旬投苗密度为2000～2400只/米^2。培育10天左右，幼蟹规格达Ⅱ～Ⅲ期时进行第二级培育，投放密度为600～1000只/米^{2}小幼蟹；经10～15天的培育，小幼蟹的规格达Ⅳ～Ⅴ期（4000只/千克左右）时，分棚进行第三级培育，密度为20～40只/米^2；经过25天左右的培育，每千克仔蟹种可达

200～300只，这时再投放露天水域养殖。

5. 饵料投喂

放苗后一个星期内以鱼糜、蒸蛋（2∶1）为主，适当投喂些豆浆、血粉、嫩叶蔬菜等。有条件的地方还可以投喂些红虫（水蚤）等活饵料。每昼夜投喂6～8次，白天2～3次，晚间4～5次，饵料量为幼体重的200%，其中白天占40%，晚间占60%；7天后以鱼糜或专用颗粒饵料为主，投喂量逐日下降至幼蟹体重的20%，投喂次数也减至一天3～4次，其中上午1次，下午2～3次；15天后可喂些磨碎筛过的细豆饼、豆渣、鱼糊、蚌肉糊、蛋鸡饵料或专用颗粒饵料，每天投喂量为蟹体总重的10%～15%。总之，投料量以吃饱吃好为原则，残饵不能多，不能污染水质。

6. 水质管理

池水要清新，溶解氧5毫克/升，pH 7.0～8.0，水的透明度30～40厘米，蟹苗入池后1～2天施光合细菌5～8毫克/升。注意调节池水深浅。深水区水深保持60厘米，浅水区保持10～15厘米，水温控制在20℃左右，每12～24小时换一次水，每次换水量占池水总量的1/3。水源不足的地方可用经太阳晒过或加温的符合蟹用标准的地下水补给，注入的新水温度与池水的温差不应超过3℃。如新水水温低，则应加温通过配水池、配水管注入。如果条件不具备，气温下降时，可在大棚上盖草保温。如果大棚内温度太高，则需开门窗（或揭棚）通风透气。大棚内每个小池都应挂气温表和水温表，并及时检查记录。每天要冲气增氧3～4次，每次1小时左右，蟹苗或幼蟹蜕变高峰期气量不宜过大，水面出现微波便可，以防干扰其蜕皮蜕壳。放苗后10天内每2个小时作一次记录，以后每天作一次记录。

7. 病害防治

由于保温培育蟹种密度高、水体小、投饵多，易于发生病虫害，因此，要特别注意防治工作。要防重于治，在蟹苗投放前就应对池、沟及用具进行彻底消毒，检查放进的水是否符合蟹用标准，进水要用20目筛绢过滤。蟹苗投放后，每2天洒0.5毫克/升土霉素，也可每3天每亩用5千克生石灰化成石灰乳全池泼洒，还可每隔5天在饵料里拌土霉素投喂（10克/千克饲料）。如果蟹苗或幼蟹发病，应针对病种、病情施治。对鼠、鱼、蛙类等敌害要及时捕杀。

8. 日常管理

保温培育蟹种要有专人管理，要有严格的轮换班和检查记录制度，要收听天气预报，注意天气变化，充分做好防寒和防高温准备，特别是晴天白天气温高时要注意开窗揭棚通风降温，夜间温低时注意增温，认真观察蟹苗和幼蟹摄食、活动情况，注意水质变化，切实做好防逃、防漏、防风、防雨和防病虫敌害等工作。

二、网箱培育

1. 培育特点

网箱培育，仔蟹可免受天然敌害的危害，成本低，成活率高，捕捞方便，适于不同的培育规格。网箱培育仔蟹要求在水质清新、无大浪、水深面阔、安静的水域进行，如大的池塘、河沟、湖库等均能培育。主要优点是仔蟹可免受天然敌害的危害、成本低、成活率高、捕捞方便，适于不同的培育规格。

2. 结构建设

网箱应设置在符合要求的水域，水深1.5～2米。要通电通路，便于看管，用竹竿把网箱撑在水面，箱顶露出水面15～25厘米，箱内放占箱面积1/2的绿萍、水花生或水葫芦等水草，箱距1～2米。网箱大小视实际情况而定，4～10米^{2}均可，用1毫米网目的聚乙烯网片制作封闭式网箱，箱高0.8～1米，箱盖一边留一条40～50厘米长的有尼龙拉链的活口，便于投饵、放苗、捕捞，幼体也不易逃跑。为防止箱底积残饵过多，可制一边高一边低的斜形网箱。切忌在箱底塑膜。

3. 投放密度

放养密度与水质有关。如果水质清新、透明度大，溶解氧高的水体可多放；反之，则少放。一般每平方米放0.5万～1万只蟹苗。要想使每千克16万只的蟹苗经20～25天培育成每千克3万只左右的幼蟹。放养密度不宜过大，一般在8000～15000只/米³。10米³大小的网箱可放养蟹苗1千克左右，成活率达60%～90%。

4. 分级培育

蟹苗在网箱里培育20天左右时，即蟹苗蜕皮2～3次，变为Ⅲ期幼蟹时，就应分箱，否则，会因箱内仔蟹拥挤而影响成活率。

5. 饵料投喂

同水泥池培育仔蟹相似，蟹苗以轮虫、枝角类、桡足类淡水浮游动物为主，仔蟹以碎豆、麦麸、豆渣和嫩菜叶为主。有条件的地方，还可喂些小鱼、小虾、螺、蚬、蚌肉等动物性饵料，并添加少量的骨粉、微量元素和蜕壳素。如能购到仔蟹专用颗粒饵料来投喂则更好，投喂量约为在箱仔蟹总重的15%，上午8～9时投1/3，傍晚投2/3，并视仔蟹吃食多少及时调节投喂量。

6. 水质管理

幼体不仅具有趋流性，而且有正负性。早期幼体趋流性更明显。所谓正负性，即蟹苗和仔蟹在流速小于一定数值时为正向趋流性；反之，在超过一定流速时，就顺流而下，随波逐流到一定距离即静卧在池底或再次逆水爬行。根据幼体和仔蟹的这种习性，网箱不能设在水流过大处。如果清晨发现大批蟹苗、仔蟹在网箱边，或爬上网盖，甚至发现网底有死苗和仔蟹，就说明水中缺氧或氨氮超标，必须立即在网箱冲水或用桨搅动水体，促使箱内水体交换而增氧，直至蟹苗或仔蟹沉入水中，活动正常为止。网箱内要经常保持溶解氧4～5毫克/升。除网箱内放水草外，网箱上面也要设遮阳物，如放些水草或用芦席盖上，以防强光直射。

7. 日常管理

网箱培育仔蟹，密度大，管理难，一是要有专人负责，要做到“四防”：防风、防逃、防敌害、防缺氧。同时，要注意培育水温，特别是早期培育人繁苗，室外放网箱水域的水温同室内苗池的水温不能相差太大，否则就会大批死亡。

三、土池培育

1. 培育特点

土池培育蟹种经济方便，但其会随周围环境的变化而变化，所以要特别注意日常管理，另外还要对土池经常进行修整。

2. 清塘施肥

一般在冬季进行，先放干池水，挖去淤泥，修补塘埂、堤埂漏洞，暴晒半月后再放水。培育池消毒在蟹苗放养前10多天进行，每亩用生石灰75～80千克加水溶化，未冷却前全池均匀泼洒，池中需积水5～10厘米，经7～10天，加注新水。如果敌害多，还可用清塘净和敌杀死两次清塘，每亩先用0.8千克清塘净撒于池中以杀死有红细胞的敌害生物，过1～2天再每亩用0.5千克的敌杀死集中撒于克氏原鳌虾多的水域以杀死克氏原鳌虾等甲壳类生物，再过6～10天换2次水，以除余毒。幼蟹下池前3～5天，每亩施200～300千克腐熟粪肥，以培养浮游生物饵料。

3. 结构建设

要求蟹池为东西向长方形，四角略呈弧形，面积1～30亩，蟹池深水区和浅水区，视面积大小确定池四周挖沟的宽度，即深水区的大小，池大则深水区要大一些，围堤底部地平线处向池内留1～2米不挖，这部分同池中间不挖的部分作为浅水区。为便于蟹种在天气突变时迅速退居深水区，还应在池内挖“十”形或“井”形的沟，宽2米，深0.6米，沟距5～10米。浅水区保持水深15～40厘米，并栽种茭白、荸荠等水生植物或有利于蟹种生长的水草，围堤坡比1∶(3～4)。这是蟹池的一种形式，有的蟹池中间、四周浅或中间筑埂，深深浅浅，起伏不平，或在池埂上下水位中间筑蟹穴等。

4. 投放密度

总的要求是密度大小要合理，对初养者来说，密度宜小不宜大，因为密度大，同类之间自相残杀的机会增多，蜕壳难，死亡率高，如经验不多，管理就跟不上，就会造成重大损失。密度大小还要随个体大小而变，个体大的，密度要小；反之，密度要大。一般来讲，放养密度按分级放养的办法，先密后稀。

5. 分级培育

要使幼蟹个体增大后仍能正常生长发育，必须扩池分级放养，目前一般分三级。第一级放养：将蟹苗暂养20～25天，仔蟹头胸甲宽由2毫米增至10毫米左右，这时的放养密度为2.5万～3万只/亩。第二级放养：仔蟹又经过20～30天的饲养，头胸甲宽由10毫米增加到20毫米以上。

6. 饵料投喂

饵料要适口充足，保证幼蟹吃饱吃好，使硬壳蟹不会因饥饿蚕食软壳蟹。投饵：蟹苗入池前3～6天，每亩池里施200～300千克发酵的牛粪等有机肥料，以繁殖蟹苗爱食的浮游生物。在蟹苗入塘后，每天需要全池泼洒豆浆1.5～2千克/亩，并视风向在蟹苗密集处多泼一些。根据仔蟹喜在岸边浅水处活动的习性，也可在岸边投喂豆饼、麦麸等湿糊饵料。每天投喂2.5～3千克/亩；15天后每天投喂5千克/亩。一天投喂2次，上午投1/3，傍晚投2/3。喂养20天左右，就可转入其他水域养殖。

7. 水质管理

池水要清新，溶解氧5毫克/升，pH7.0～8.0，水的透明度30～40厘米。蟹苗入池后1～2天施光合细菌5～8毫克/升。注意调节池水深浅。深水区水深保持60厘米，浅水区保持10～15厘米，水温控制在20℃左右，每12～24小时换一次水，每次换水量占池水总量的1/3。水源不足的地方可用经太阳晒过或加温的符合蟹用标准的地下水补给，注入的新水温度与池水的温差不应超过3℃。

8. 病害防治

防重于治，在蟹苗投放前就应对池、沟及用具进行彻底消毒，检查放进的水是否符合蟹用标准，进水要用20目筛绢过滤。蟹苗投放后，每2天洒0.5毫克/升土霉素，也可每3天每亩用5千克生石灰化成乳全池泼洒，还可每隔5天在饵料里拌土霉素投喂（10

克/千克饲料），如果蟹苗或幼蟹发病，应针对病种、病情施治。对鼠、鱼、蛙类等敌害要及时捕灭。

9. 日常管理

要经常检查，做好防暴风雨、防敌害、防缺氧、防逃、防烈日暴晒等工作。“五防”的前四防同网箱培育仔蟹相似，后一防主要是在池里放些水葫芦、水花生和绿萍等水生植物，覆盖面为池面的1/3～1/2。

四、水泥池培育

1. 培育特点

4月1日之后的蟹苗称为中、晚蟹苗，中、晚蟹苗培育仔蟹一般在露天进行，要求水温20～26℃、晴天，放苗时间在早上或傍晚，池面栽水草应占总面积的1/2左右。如放苗后5天内有暴风雨，应在池面水草多的地方放些芦席、草帘等遮盖物。水泥池培育仔蟹，具有密度大、占地面积小、操作和捕捞方便等优点，但造价高昂，管理要求精细。

2. 清塘施肥

水泥池在培育前1～2天，用200毫克/升漂白粉消毒，待余氯消失后再用密眼网布过滤注入清洁的淡水。

3. 结构建设

水泥地一般为长方形，要安装进、排水系统，出水口处要有网罩。并安装纳苗管，池顶要有遮阳物，池底进水处要稍高于排水处，呈一定的坡度，池底要铺3～5厘米厚的沙土，面积20米^{2}左右，水深因发育阶段而异。蟹苗阶段要求水深1米左右，Ⅰ～Ⅲ期幼蟹要求水深15～30厘米，如果水太深，因水压大，刚蜕壳仔蟹在水底易窒息死亡。如果水温低，池内水草多，可适当加深。池内要放占总水面一半的水草等作为附着物。另外，培育池内还要安装罗茨鼓风机用以增氧。

4. 投放密度

一般每平方米放养蟹苗1000～1200只。因仔蟹喜居阴暗处，白天活动极少，傍晚外出觅食，所以池内光照强度不得超过2000勒克斯。

5. 分级培育

蟹苗蜕壳2～5次后变为仔蟹，个体由160000只/千克变为4000只/千克以上，体重增加了近40倍左右。因此，要及时分池，否则，将因密度过大而影响仔蟹的生长发育。

6. 饵料投喂

豆饼、花生饼、麦麸、豆渣、鱼糜等可投喂，同时还要喂些青饲料（如嫩菜叶等），培育早期还可适量投些红虫、剑水蚤、豆浆、蛋黄等饵料。每天投喂3次，上午8～9时投喂1次，饵量占30%，下午4时和下午7时各投1次，饵量占70%，每天投饵量由多到少，投苗后7天内投饵量为其体重的150%～200%，以后每天下降20%～30%，直至下降到5%～10%为止。投喂方法是把饵料均匀地投在池内或水草上，并经常检查其吃食情况，如发现投的饵料被吃光，可再增加投饵量，如吃不完，则应减少投饵量。

7. 水质管理

水泥池培育仔蟹是高密度小水体环境，由于残饵和排泄物增加，极易造成水质恶化而使蟹苗死亡。因此，不断地换水排污是提高仔蟹成活率的一项关键措施，换水的方法，主要是靠不断交换的微流水来保持水质清新，每隔5小时左右换一次池水。排污方法有两种：一是应用虹吸法，即把虹吸管一端插入池底，另一端放在池内排污小网箱内，池内一端慢慢移动，使池底污物及其产生的硫化氢等有毒气体排出池外，被排在箱内的少数仔蟹，随即拣出放回原池；二是在接近水泥池尾端挖一个面积0.6米^2、深10～15厘米的水池，上盖筛绢，下设排污管排污。水质管理还应使水含盐量由少到无，成为纯淡水，同时注意换水过程中温差的变化，要求温差不能超过3℃，绝对不能使用井水直接灌入仔蟹培育池。

8. 病害防治

防重于治，在蟹苗投放前就应对池、沟及用具进行彻底消毒，检查放进的水是否符合蟹用标准，进水要用20目筛绢过滤。蟹苗投放后，每2天撒0.5毫克/升土霉素，也可每3天每亩用5千克生石灰化成乳全池泼洒，还可每隔5天在饵料里拌土霉素投喂（10克/千克饲料），如果蟹苗或幼蟹发病，应针对病种、病情进行施治。对鼠、鱼、蛙类等敌害要及时捕灭。

9. 日常管理

防逃、防敌害、防暴风雨、防高温。池墙顶加防逃盖板，如硬塑料、玻璃等盖板；水泥池内壁不要弄湿，在防逃的同时也要注意防止敌害生物窜入池内危害仔蟹；对已窜入的要及时捕杀。要经常收听天气预报，如有暴风雨、高温，应提前采取预防措施。

五、河蟹的布幼技术

1. 育苗池准备

育苗池要彻底消毒，布好气石或气管，并将其位置固定，然后加进过滤海水，预热，将温度加至暂养池的温度，同时EDTA（乙二胺四乙酸）5毫克/升，进行水质消毒，等待布幼。

2. 布幼方法

（1）挂笼法　此方法是传统的做法，笼子用聚乙烯网制作，容积0.3～0.6米^3，选择胚胎发育一致（心跳130～160次/分）的蟹，放入蟹笼或产卵网箱内，在35毫克/升氯霉素中药浴60～120分钟，以杀死卵上寄生的原生动物，然后，按每只蟹笼装25～30只或者每平方米2～3只抱卵蟹吊入育苗池让幼体破膜后自行排入水中，待达到计划密度后应立即将蟹笼移出，拣出产空蟹，将未产空的蟹再放入另一池中的蟹笼里排幼。此方法的关键是挑选抱卵蟹。经过挑选的蟹，其卵的发育进程还要相对一致。如果抱卵蟹挑选得不好，幼体排放不集中，短时间内达不到计划密度，抱卵蟹还可在池中挂1天，使其排幼。此方法的优点是幼体直接排放入池，不用倒池，受损伤的机会少，但挑选抱卵蟹比较复杂，幼体密度不易控制，有时可能一两小时就超过了计划密度，也有的时候两三天还达不到，因此给大规模生产带来了很大不便，尤其是初次育苗的人员更难掌握此方法。

（2）接幼法　幼体破膜后直接排入暂养池中，因此，当胚胎发育至心跳期时，应注意观察池水中有无幼体排出，一旦发现有幼体排出，应马上用100目网箱将幼体虹吸出。接苗时动作要轻，水流要缓，幼体刚破膜时呈弹跳式后退运动，身体团成球状，一般不易造成机械损伤，但接幼时间与破膜时间最长间隔不能超过12小时，间隔时间越短，幼体损伤越少。抱卵蟹排幼无时间性，昼夜24小时均可进行。因此，每日视暂养池中排放幼体的多少，至少接幼1～2次，接出的幼体按要求的密度布入育苗池中，同一池中的幼体最多不能相隔1天，以免因幼体发育不齐造成大食小的现象。

布幼密度依水质条件而定，如水中基础饵料较多，则可布幼70万～100万只/米^3。为了提高苗的成活率和培育壮苗，一般布幼密度不要超过每立方米40万只。出苗量高低与水质条件和管理水平有关，并不与布幼密度成正比。密度高、水质变化大、管理要求高，稍有疏忽就可能出问题。密度稀，易管理，成活率可提高，也能获得较高的产量。尤其是在抱卵蟹数量不足的情况下，更要合理安排计划布幼密度，以便利用有限的抱卵蟹生产更多的蟹苗。

有一些瘦水地区，可通过提高水中的饵料生物，提高幼体的成活率。具体方法是：在布幼的前2～3天，向育苗池水中施入氮肥（硝酸钾）5毫克/升、磷肥（磷酸二氢钾）0.5毫克/升，待水色成茶色时再布幼。也可以将另外培养的单胞藻补加到水中，使水中单胞藻的密度达到15万～20万个/毫升。水中基础饵料丰富，可有效地提高Z_1变态的成活率。

幼体密度的测量方法：用一定体积的小烧杯，舀取水样，数出其中的幼体个数，算出每毫升的幼体数，乘以100万，得出每立方米水体的幼体数，即为布幼密度。采样时至少选取不同位置的6个点，求其平均数，如果能在水的中、底层取样，则更为准确。

产空的抱卵蟹集中饲养，有条件的最好放在室外土池海水饲养。经过一段时间投饵、换水等精心饲养，还可第二次抱卵。但抱卵量只相当于第一次抱卵量的20%～30%。待第一批育苗结束后，再将第二次抱卵蟹移入室内暂养，当胚胎进入原溞状幼体阶段时，可进行第二批育苗生产。有的抱卵蟹还可进行第三次、第四次抱卵，但卵量很少，加之后期自然水温升高，水质不易控制，生产意义不大，因此，一般的育苗单位最多进行两批育苗。

六、河蟹的幼体培育技术

幼体培育是指幼体破膜（Z_1）至大眼幼体出池阶段，需18～22天。此阶段是育苗生产最关键的阶段，也是最紧张的时期，因此，必须一切工作服从于育苗工作，后勤物资供应要确保育苗的需要，育苗车间应昼夜安排人员值班，经常检查各项设备的运转情况，并落实以下技术措施。

1. 幼体培育阶段的控温

幼体发育的快慢与温度有直接关系。在适宜的温度范围内，水温越高，幼体发育越快。温度低于18℃，幼体变态时间拉长，易感染疾病。温度高于26℃，幼体发育快，但身体纤弱，抗病力弱，幼体成活率低。因此，河蟹育苗期间温度应控制在20～25℃之间，最高不得超过25℃，每天升温不超过0.5℃。在生产实践中，为了缩短生产周期采用温度上限是可行的，但有的单位为了追求自己的利益，一味实行高温育苗，温度长期控制在25℃以上，这样育出的蟹苗养殖成活率低，对客户不利，因此，高温育苗不宜提倡。

2. 人工海水的配制

盐度14，钙200毫克/升，重碳酸盐120～140毫克/升，镁500毫克/升，钾200毫克/升，硫酸盐1000～1200毫克/升，铜、锌、银均为0.01毫克/升以下，铁0.02～0.2毫克/升，碘0.02～0.1毫克/升。具体配方是：海水14克/升，氯化钙0.4克/升，硫酸镁2.8克/升，氯化镁2.2克/升，氯化钾0.4克/升，三氯化铁0.1毫克/升。若人工配制的海水pH低于7时，可用生石灰调节至微碱性，一般用量为50～100毫克/升。先测定本地淡水水源的水质。测定配水原料的纯度和含量。进行计算，校正配方原料的用量，以满足配方中主要成分的适宜值，在技术上允许的适度可进行经济分析，确定配料用量。逐一溶解，充分搅拌，以防水体内溶解不均。进行沉淀，提取上层清液，入贮水池备用。

3. 幼体饵料投喂

（1）Z_1 之前　幼体的生物饵料主要是单胞藻类、轮虫、卤虫等，代用饵料主要是蛋黄、蛋羹、鱼糜浆以及各种悬浮微粒饵料等，只有在活性饵料不足时，辅助投喂，代用饵料应尽量少投，过量投喂容易败坏水质。溞状幼体随着个体发育变态，摄食方式由滤食性转化为捕食性，由被动摄食转为主动摄食，食物也由以植物性为主转为以动物性为主。Z_1 在孵出后不久就能捕食轮虫，在孵出后 10 小时左右就可捕食卤虫无节幼体。

（2）Z_1 到 Z_4　在育苗生产中一般的饵料组成是这样的：Z_1 期初以单胞藻类为主，Z_1 期末就应搭配适量的轮虫和刚出膜的小卤虫；Z_2 期就应以轮虫和初出膜的卤虫为主，但要搭配适量单细胞藻；Z_3 期以卤虫无节幼体为主，但要搭配轮虫；Z_4 期以后，可主要投喂卤虫无节幼体；大眼幼体期则不同于藻状幼体期，其摄食方式和游泳方式发生了根本性的变化。大眼幼体性情凶猛，食量较大，自相残杀非常厉害，这时的饵料一定要投足，应以卤虫成虫或新鲜鱼糜、肉糜、悬浮饵料为主，不足时再搭配一些蛋羹。

（3）单胞藻的投喂　单胞藻在水中需要保持一定的密度。其密度大小与个体生长发育和其他饵料投喂有关，一般为 10 万～20 万/毫升。北方密度较大，Z_1 为 30 万/毫升，Z_2 为 20 万/毫升，Z_3 为 15 万/毫升，Z_4 为 10 万/毫升，Z_5 为 8 万/毫升。单胞藻在水中具有多种作用：一是作幼体基础饵料；二是经光合作用能增加水体溶解氧；三是能降低水中的氨氮，稳定水质，维护良性生态循环。单胞藻的作用是轮虫、卤虫等动物性饵料和代用饵料所不能替代的，因轮虫、卤虫也要食单胞藻，在育苗水体中维护一定密度的单胞藻是必要的。在单胞藻合理密度的环境中，培育的幼体活力强、变态整齐。从 Z_1 至淡化前的大眼幼体均需维持一定密度的单胞藻。

（4）注意事项　饵料投喂量视幼体的摄食情况酌情增减，平时要注意观察，一要观察水中有无残饵，二要观察幼体的肠胃饱满程度（结合镜检）。投饵的原则是少投、勤投，一般每日的饵料分10～12次投喂。收购的轮虫要用清水冲洗干净，也可用20毫克/升高锰酸钾浸泡10～15分钟，刚孵出的卤虫无节幼体要将壳分离干净，再用清水冲洗干净投喂。卤虫成虫多为死体，投喂时应首先清除卤蛆、水绵等杂质，然后用清水冲洗，直至流出清水，刚开始投喂时（大眼幼体1日龄），应用刀剁一遍或切肉机切一遍，避免个体过大，下沉较快，幼体利用率不高。卤虫成虫不宜速冻，因速冻时，卤虫体液结晶，穿破体壁，溶化时随水流出，只剩一层皮膜，利用率降低。鲜活饵料应保持新鲜，如发现变质、有异味的饵料，应立即停喂。豆浆、蛋黄均为代用饵料，下沉速度较快，且在水中不易观察，一定要少投或不投，投喂时应尽量用较细的筛绢过滤，并注意泼洒均匀。

4. 幼体培育中的换水操作

（1）换水要求　天然海水育苗，很重要的一个环节，就是管好蓄水池、沉淀池。蓄水池一般较大，几亩、十几亩或几十亩，对于用过的旧池，要彻底清淤之后使用，以免有机质过多，水温升高，富营养化。蓄水池（几亩、十几亩）至少有3～5个，这样可轮流纳潮进水，以防水质老化，纳水后也要时时观察水情变化，并作出相应对策。即使纳进的是新水，在育苗之前还需进行严格处理，其中包括水温、盐度、pH调整、消除或降低水体中超量金属离子以及清除水中有害生物等。处理方法除海水沉淀外，还需过滤（网滤或砂滤）、添换水、充气及使用EDTA钠盐等，必要时也需进行海水消毒。

（2）注意事项

① 育苗期间必须每天换去部分老水，同时加入部分新水，以保持水质清新。换水的方法是：采用尼龙筛绢做成网箱，网箱固定在钢筋焊成的铁架内，放入育苗池中，再用胶管插入网箱内虹吸排水。网箱的目数应根据幼体的生长及时更换，依次为80目、60

目、40目，日换水量随幼体的生长及水质的变化不断调整。换水时应勤检查网箱有无破洞、漏苗。

② 换水一般宜在清晨或傍晚投饵前进行，以防饵料散失。

③ 幼体小、游泳能力差，由于吸力，幼体容易贴在换水网箱的网目上，应及时从网箱内向外泼水，将贴壁的幼体冲入水中，否则时间一长，这部分幼体就会窒息死亡。

④ 待池水排至预定数量后，应立即加进等量的新水，并保持水温、盐度相应一致，同时注意补加EDTA或其他药物。

⑤ 在浅池换水时，要严防换水网箱触底或牵动池底充气管，造成池底污物泛起，引起全池幼体受污染中毒。

5. 幼体培育中的倒池操作

（1）倒池要求　倒池就是将一个池中的河蟹幼体移入另一个池中，使得水质和底质得到根本的改善，提高育苗成活率和蟹苗质量。倒池多易伤苗，所以应适时得法。

（2）出现以下几种情况时必须倒池

① 当溞状幼体发育至Z_5时。此时池底污物堆积较多，形成有害底层，易导致幼体大量死亡。此时的幼体相对“老”一点、适应性强、驱光性好，倒池成功率大。

② 当发生聚缩虫病时。用药物治疗，虽有明显效果，但水体生态平衡被破坏，水质不稳，易导致水质恶化，因此在用药后，应及时进行倒池。

③ 当出现“泛池”时。“泛池”是指池塘中发现大量白色或黑色黏结物泛起或水质突然恶化。此时要立即使用0.2～0.5毫克/升的高锰酸钾缓解一下，然后迅速倒池。

④ 当出现不明原因死亡时。在诊断出原因前立刻进行倒池来实施“急救”。

（3）倒池方法

① 溢水法　一般在相隔两池间使用。将移入池清洗消毒后，加入移出池的原水30～40厘米深，加新水至1米深左右，调节盐度和水温。将溢水网箱（由外箱、网架和网箱组成）放入移出池边

的下水道中。外箱为方形，高度30厘米，口面0.2米^{2}左右，长、宽尺寸以能够放入下水道、便于在下水道中操作为准。内置一方形网架，架高40厘米，以能放入外箱为准。架上套一网箱，网箱必须紧绷在网架上，否则会造成河蟹幼体死亡，网目大小根据幼体大小选用，一般用80目或60目筛绢，以灯诱法虹吸幼体至网箱中，然后带水移入新池。

② 灯诱法　一般在相邻两池间采用。倒池正常安排在Z_3、Z_4、Z_5变态后的第二天进行。将准备移入的池子洗刷干净并消毒，加入过滤后的新水，保持平均水位30～40厘米，水位最低处不少于10厘米。调试盐度与准备移出的池子相同，盐度差控制在2以内。调好盐度后开始加温，两池温度应尽可能接近，相差不宜超过1℃。在移出池上接一只1000～2000瓦的碘钨灯，灯头距水面30厘米左右。减少充气量，照亮5分钟后，即用虹吸管开始吸苗（注意虹吸管一头不能触及移出池的池底，以免泛底造成损失；另一头要平放在移入池的池底，以免水流直冲池底造成幼体损伤）。当灯光下没有成群蟹苗后，可停气2分钟，以便蟹苗聚集后再行充气。停气时间不宜过长，否则蟹苗会集中下沉，造成损失。如此往复，直至两池水面基本相平。用此法一般可移出95%以上的蟹苗，余下部分可通过放水收集。

③ 放水法　一般在相隔两室倒池时使用。将移入池清洗消毒，加水约80厘米深，调节盐度和水温。将移出池水位降至60厘米左右，打开排水阀，让苗从集苗道排出，在集苗池用集苗网箱收集，然后带水移入新池。

④ 注意事项　在实际生产中，三法同时使用往往效果更好。在大眼幼体变态2天以后，如遇到紧急情况，也可用抄网直接捞取幼体至新池中，以实现倒池的目的。如要利用倒出池，则在幼苗出池后，经清底冲洗消毒再放水放苗。倒池后应立即投喂饵料，每一次投饵量可达正常投饵量的1.5～2倍，同时施用2毫克/升的土霉素（或其他抗生素药物）于水体中，以避免移池过程中幼体形成的伤口受到感染，第二天早晨加注新水至正常水位即可转入正常

管理。

6. 幼体培育中的充气操作

充气应注意下列几个问题。

(1) 在育苗期间，每分钟内应有占水体1%～1.5%的气量进入池水内，因此，鼓风机的规格应根据育苗总水体确定。风压与水深有关，水深达1.5米以上的育苗池，应选用每平方厘米风压为0.35～0.5千克的鼓风机；水深1米以内者，则用0.2千卡风压的鼓风机。

(2) 充气时，充气量和充气强度要控制得当，气泡大小也要适度。气泡越小，表面积越大，能停留在水中的时间、氧气溶入水中的机会越多，但小气泡很难造成水流；气泡大，留在水体内部的时间短，但能有效地带动水体流动，使幼体和饵料分布均匀，因此，可用调节气石的规格来控制气泡大小，使之既增加水体中的溶解氧含量，又能造成水体流动，获得最佳充气效果。

(3) 在育苗过程中应不间断地充气，在高密度育苗条件下，中断充气时间最长不超过15分钟。间断后重新启动前，务必及时调节开关，将气量减少，待恢复充气后再逐渐加大，调节到原来的充气强度。切忌断气后恢复充气时，突然间气量骤增，水体剧烈震动，将池底污秽沉积物冲起，污染整个水体。

7. 幼体培育中的光照操作

Z_1～Z_3期适宜的光照强度为5000～6000勒克斯，后期为6000～10000勒克斯。溞状幼体有明显的趋光性，对过强的直射光有回避反应，因此育苗池内幼体有昼夜迁移的现象，白天一般靠近窗户的一边幼体密度大，晚上则靠近灯光的地方幼体密度大，投饵时也应根据这一特性，针对性地投喂。实验表明，长期处在绝对黑暗的状态下，将影响溞状幼体的蜕皮，并使大眼幼体的育成率成倍下降。适宜的光照还有助于水中浮游生物的繁殖及改善水体环境。因此，育苗室的屋顶均采用玻璃缸瓦，育苗期间要把黑布帘（保留遮阳网）拉开，增加透光率。

七、蟹苗的出池与运输

1. 蟹苗的出池时间

幼蟹出池的关键是适时。在北方幼蟹的最佳出池季节在10月中下旬，过晚水温下降甚至塘口封冻，幼蟹活动量减少，大部分打洞或卧入底泥，很难出池。一些单位在养殖期间，观察河蟹的数量很多，但因出池季节较晚，回捕率很低，影响了产量和效率。在南方，一般根据市场需要出池，大面积培育的也可适当集中暂养待售。

2. 蟹苗的捕捞方法

(1) 蟹苗出池的简便方法是放水接蟹，在出水口接一锥形网，提开闸口，幼蟹即顺水流出。水流要缓，不能太急，水流太急幼蟹将逆水上行。

(2) 面积较小、池底平整的池塘，可将池水放干，将幼蟹一一拣出，但对一些地形复杂、面积较大的池塘，水不能放干，要在排水时结合水流，用网具捕捞，如跃进兜、簖、拉网、抄网、地龙等，一次捕不尽，再反复放水，如此几次，可回捕幼蟹85%以上。

(3) 水生植物诱捕。在豆蟹培育池中投放水葫芦、水浮莲、水花生或大叶浮萍，平时均匀地将饵料投撒在这些水生植物上，使豆蟹养成群集其上觅食或栖息的习惯。捕捞时只要把豆蟹和水生植物一并捞起，放在盛水的器皿中稍加摆动，豆蟹即散落水中。利用此法起捕率可达85%以上。

(4) 冲水诱捕。在培育池入口处铺塑料薄膜9米^2 (3米×3米)，呈抄网形，薄膜周围用底泥压实，靠岸一边向上顺边坡高出水面30厘米，在薄膜靠水边两角埋塑桶。然后向池中冲水，新水经塑料薄膜向池底四处扩散，形成微水流，豆蟹即逆水向进水口集中，此时一部分仔蟹回爬时掉入桶内，另一部分在池水群集的仔蟹可用小捞海在边坡处轻轻捕捞。当捕至豆蟹稀少时，可停水半小时，重新注水后，豆蟹又大量向进水口集中。如此反复3～4次，起捕率可达80%以上。此法在晚间进行，同时配以灯光诱捕，效果更好。此法也适用于捕捉扣蟹。

另外，还有水流刺激法、灯光诱捕法、诱饵抄捕法、抄网抄捕法等。

越冬期间一般不捕捞。因为蟹种绝大多数都打洞或潜伏草根等隐蔽处，捕捞很困难，而且易伤蟹种；在冬前捕捞的蟹种应暂养；在开春后捕捞蟹种应在蜕第一次壳前进行，以防伤蟹过多或影响蜕壳生长。

3. 蟹苗的出池暂养

在北方，幼蟹出池后，多数不能如期卖出，早出的幼蟹要通过一段时间的暂养，短时间的暂养也可在网箱中进行。具体要求是：池子要小，池底平整无淤泥，进排水方便，并设有防逃设施。长期暂养的不宜在池塘铺网片。每亩放200～300千克。幼蟹暂养要勤换水，投足饵料，还可在暂养池内附设一些草束和人工洞穴，供幼蟹栖息，减少河蟹相互纠缠，提高暂养的成活率。待合适的时候集中出池销售，可有效地解决供求双方时间上的差异。

4. 蟹苗的运输

（1）干法运输（蟹苗箱运输） 干法运输主要是利用蟹苗已具备离水后用鳃腔呼吸的特点，采用蟹苗箱运输，其方法简便，安全可靠，适宜大批量运输蟹苗。河蟹苗从溞状幼体发育到大眼幼体阶段具有较强的调节渗透压的能力，能适应淡水生活，有很强的趋光性，用大螯能捕捉食物，并有攀附能力，能适应24小时的潮湿运输。生产实践证明，蟹苗离水24小时成活率可达90%以上，离水36～48小时仍有60%～80%的成活率，但过了48小时以后，其成活率会降至50%以下。因此，在河蟹苗长途运输时，时间愈短愈好，以尽量减少不必要的损失。

作为装运河蟹苗的专用容器，蟹苗箱通常用杉木加工而成。要求杉木质轻、不变形、不霉烂，可以使用多年。蟹苗箱的规格大小，以装运、搬动、运输等操作方便为原则，通常为叠层式，且上、下箱之间的缝隙要做严密。一般每叠5～7层（只），每层苗箱的规格为框架长60～65厘米、宽45～50厘米、高8～10厘米。每只苗箱框架的侧边中间都要开一个 3.5 厘米×28（或 14）厘米的长方形窗孔，用以通风和观察河蟹苗的活动情况。蟹苗箱框的底部和窗孔都要用目径为 0.1～0.2 厘米的塑料窗纱或聚乙烯网片绷紧钉牢（图 3-1）。每叠蟹苗箱的顶部加一木盖，运输时应将几层蟹苗箱捆扎牢固（图 3-2）。在河蟹苗的运输过程中，也可以采用另一匀称结构的蟹苗箱，即用木条作骨架，四周用聚乙烯筛绢（目径为 0.1 厘米）钉牢。此种结构的蟹苗箱，体积较轻，耗木较少，但其牢固度稍差。在运输河蟹苗时，如果一时来不及准备蟹苗箱，也可以用蒸笼、桌屉等代用，同样能够取得较好的运输效果。

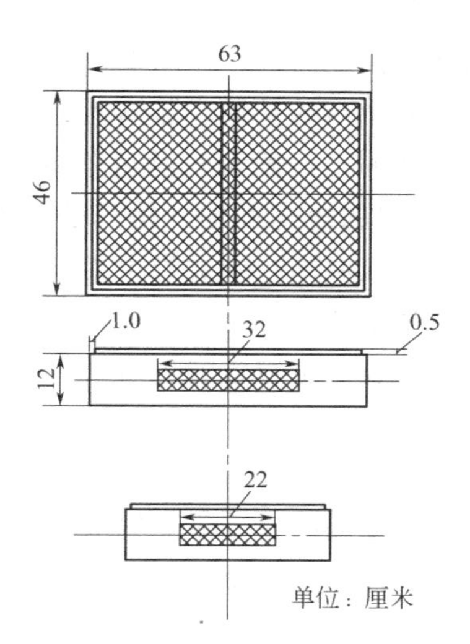

图 3-1　蟹苗箱结构图（仿许步劭，1980）

① 运输步骤

a. 河蟹苗装箱　在河蟹苗装箱之前，应先将蟹苗箱浸湿，在箱底适时地放一些洗净的新鲜水草，也可放一些用水浸泡过的丝瓜筋或棕榈片等，以防止河蟹苗在运输途中因颠簸而形成堆积，造成死亡。然后把漂洗干净的河蟹苗均匀地放入箱底。如发现河蟹苗在箱底有黏结的现象时，说明河蟹苗中含水分太多，应将蟹苗箱稍微倾斜，使箱内多余的积水流出，或者用手指轻轻地把河蟹苗挑松

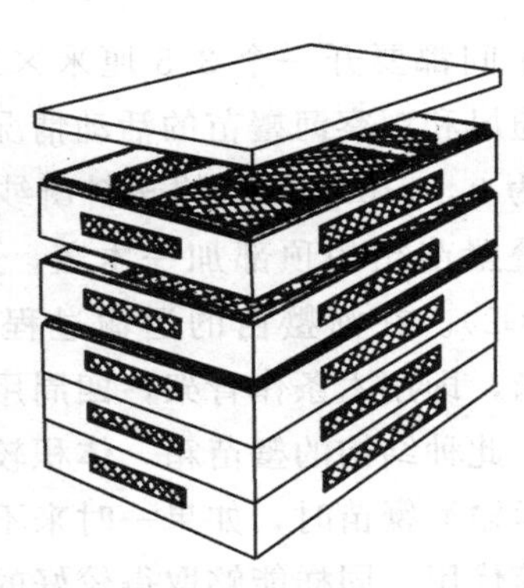

图 3-2 蟹苗箱装运示意图（仿许步劭，1980）

后，将几只蟹苗箱叠层捆扎而起运。河蟹苗的装箱数量，应根据购买河蟹苗的数量、运输距离的长短、运输所需的时间以及当时的天气、道路等情况灵活掌握。一般每只蟹苗箱可装河蟹苗 1～1.5 千克。如果是 10 小时以内的短途运输，每只蟹苗箱可装河蟹苗 2 千克。如果运输距离远、气温高，应适当少装。如果在气温过高且空气干燥的情况下运输河蟹苗，还应在每只蟹苗箱的箱底垫一层湿毛巾，在每只蟹苗箱的箱盖上也覆盖湿毛巾，并事先将整个蟹苗箱放在水中浸透。

b. 运输途中的管理　在运输河蟹苗前，应事先制定好运输的方案，如选择最佳的运输路线、确定运输的工具等。如果需要中途转换运输工具的，要注意安排好衔接工作，以尽量缩短河蟹苗在运输途中的时间。

河蟹苗的装运最好选在夜间进行，以避免阳光暴晒。运输途中，要有专人押车，并经常检查河蟹苗的活动情况，适时适量喷水，以防止河蟹苗失水干死。但喷水时要掌握适度，一般在阴雨天或运输距离较短的情况下，可以不喷水或少喷水；当气温高达 30℃以上时，天气闷热，则要勤喷水，否则，河蟹苗会因闷热而死亡。最好每半小时检查并喷水一次，用喷雾器向蟹苗箱的两侧纱窗喷洒，应用温差不超过 2℃的天然水或经曝气的自来水，绝不能用有污染的水源。每次喷水不宜过多，以防河蟹苗抱团堆结而造成死亡。在运输途中，如发现局部的河蟹苗死亡，应及时整块剔除，否则，会很快蔓延。

② 运输前暂养

如果运输时间在24小时以上，应在装运前对河蟹苗进行暂养后再行运输。暂养的具体方法如下。

a. 网箱暂养　暂养河蟹苗的网箱，其目径应为0.1～0.2厘米。暂养时，将网箱放在水流平缓、无污染的敞开水域。暂养河蟹苗的密度为：700厘米×500厘米×150厘米的大网箱，可暂养河蟹苗50～100千克，暂养时间为2～4天；200厘米×120厘米×120厘米的小网箱，可暂养河蟹苗5千克，暂养时间为7天左右。在暂养过程中，要有专人管理，以防止河蟹苗集聚在网箱的角落处而造成死亡。还要坚持每天漂苗转箱，以剔除死苗，避免影响箱内水质。

b. 水泥池暂养　暂养河蟹的水泥池，以具有流水条件的水泥池为好，并最好配备充气的设备。水泥池暂养河蟹苗的放苗密度为每立方米水体1千克。请注意，若为流水暂养，其进水不可太急；若为静水暂养，每天至少应换水1/2，且放苗密度要适当稀些；若采用充气设备，充气时其气头在池中应布置均匀，使池水呈轻度沸腾状。

无论采用哪一种方法暂养，每天都要投喂一些水蚤或少量鱼虾浆、鱼粉、麦粉等饵料。

在运输途中，还应防止河蟹苗被风吹、日晒、雨淋和颠簸。只要做好了上述管理工作，河蟹苗的成活率一般可达80%以上。

（2）尼龙袋充氧运输　尼龙袋充氧运输河蟹苗一般采用双层尼龙袋。此种运输方法，一是不改变河蟹苗在水中的游泳生活方式；二是不受外界的气温、阳光以及其他环境条件变化的影响；三是不需要喷水，而且安全可靠。飞机、轮船和汽车可以运，自行车和摩托车也可以运。用该方法运输河蟹苗的成活率一般都在90%以上。

① 尼龙袋的选择　运输河蟹苗的尼龙袋，应选择无毒、不漏气、容积为50升（30厘米×28厘米×60厘米）的底部为长方形

的双层尼龙袋。另需准备容积为80升以上的纸箱，用来存放装入河蟹苗的尼龙袋。还要事先准备好充氧设备。

② 河蟹苗装袋　首先，在尼龙袋中加入5千克的新鲜淡水(盐度要求在5‰以下)，同时加入适量的金霉素或四环素作为消毒剂，然后每袋装入250～500克的河蟹苗，并立即充入20升左右的氧气，再将两层尼龙袋的袋口扎紧，放进纸箱内，即可起运。若运输时间在24小时以内，河蟹苗的成活率可达95%以上。也可以在尼龙袋中加入30升新鲜淡水（盐度控制在0.4%左右），每袋装入100～150克河蟹苗（每升水600～800只），再充入10～12升氧气，最后将袋口扎紧，放入纸箱内运输。还可以采用小尼龙袋运输河蟹苗，小尼龙袋的体积以4～6升为宜。装运时，在每袋中加入占其容量1/3～1/2的洁净淡水和200～300克的新鲜水草，然后装入200～250克的蟹苗，充氧封口，即可起运。此种方法运输，由于河蟹苗可以安全地附着在水草上，而且袋内溶解氧充足，因而其成活率较高。小尼龙袋运输河蟹苗，装卸方便，运输简单。

此外，还可以采用尼龙袋充氧干运河蟹苗。即在70厘米×30厘米的尼龙袋内，不加水而只放少量的新鲜、洁净的水草，每袋装入河蟹苗500克左右，然后充入氧气，装箱运输，效果很好。此种运输方法适合于10小时以内的运输。

第三节　蟹种的培育

幼蟹培育的目的是提高蟹苗的成活率使河蟹适应外界环境的变化。若直接将蟹苗放养到湖泊、同类型的水体中，因蟹苗个小、体弱，取食能力低，对环境的适应能力差，成活率小。因而有必要在小水体中进行强化培育，在20天左右的时间范围内，使之蜕壳3次，达到1600～2000只/千克的规格。

1龄蟹种的培育是目前养蟹业中的薄弱环节，加强其生产技术管理和适度规模的发展是目前迫切需要解决的问题，这一阶段的特点是：第一，蜕壳次数达7次以上；第二，个体发育快，增重倍数达 1500～2000；第三，对饵料要求比蟹苗期低。

一、幼蟹培育模式

1. 水泥池培育法

（1）水泥池要求　要求建池地点底质较硬、水源充足、排注水方便、水源水质良好等。形状以圆形或椭圆形为宜。一端进水，另一端排水，或采用上面淋水、下面溢水的方式排注水。有条件的地方，应在池上建简易棚，以防雨水冲击。池面积以 20～30 米^{2}为宜。

（2）放养前的准备工作　放养前 10～15 天对池塘进行消毒，当池水 20 厘米左右时用生石灰 75 千克化浆全池泼洒，或在入池前 5～6 天注水 50～60 厘米，用 10 毫克/升漂白粉消毒。

（3）放养密度　每立方米水体 2 万～3 万只。

（4）管理措施

① 在一般情况下保持水深 0.8～1.0 米，当蟹苗蜕壳后转水底匍匐爬行时，水深以 20～30 厘米为宜。选水时，应用 40 目筛网过滤，以免把野杂鱼及其他敌害带入池内。

② 培育池应设置避光措施。

③ 每天定时、定量、多点投喂鲜活饵料（如水蚯蚓、黄粉虫等）、鱼粉、麦粉、蚕蛹粉、花生饼、麦麸、嫩菜叶、人工配合饵料等。日投喂量不超过幼蟹体重的 3%～5%，其中 70%于傍晚投喂，30%于上午投喂。另外，也可在池中央离池底 20 厘米处砌一个高出水面 5 厘米的食台以投放湿性饵料，也可供幼蟹栖息。

④ 在水面上适量投放水浮莲等水生植物，也可放些棕片、塑料水草等，以供幼蟹栖息。

⑤ 一般每隔 5～7 小时换 1 次水，换水时温差不能超过 3℃。

⑥ 防逃。主要措施是：保持水质新鲜；投放附着物，在池顶用硬塑料膜压盖；防止将池壁弄湿。

2. 土池培育法

（1）土池要求　选池地点同水泥池培育法。要求地底平坦，少淤泥，池埂不漏水，有防逃设施。形状为东西向长方形。面积以0.5～1亩为宜。

（2）放养前的准备工作　一般于放养前10～15天进行池塘消毒。水深10～20厘米时，每亩用生石灰80～100千克。水深60～100厘米时，每亩用生石灰150～200千克，放养前3～5天，每亩施入200～300千克腐熟粪肥，以牛粪为佳。

（3）放养密度　一般15万～20万只/亩(0.6～1.2千克/亩)。

（4）管理措施

① 蟹苗刚下塘时，水深不宜超过30厘米。4～5天后注水1次，每次10～20厘米深，直至水深60～80厘米。高温季节每天换水1/3左右。

② 蟹苗下塘后，每天每亩全池泼洒豆浆1.5～2千克，并根据风向在蟹苗密集处多洒些。同时，在池边投喂湿糊状饵料，如豆饼、麦麸、米糖、水蚯蚓等，每天投喂2.5～3千克/亩。15天后，每天喂5千克/亩，上午喂1/3，傍晚喂2/3。

③ 在水面适当放养一些水生植物。

④ 幼蟹蜕壳时，要适当降低水位。

⑤ 防止敌害（如青蛙、水老鼠、水蛇等）入侵。

⑥ 防逃。

3. 网箱培育法

（1）网箱要求　网箱用聚乙烯网布缝制而成。网箱规格要因地制宜，无严格要求，一般为4米×3米×1米或3米×2米×1米，网目为0.5～1.5毫米，以不使蟹苗逃逸为度。

（2）网箱放置

① 放置地点　水质优良、有一定平缓的水流、溶解氧丰富、风浪较小的湖泊、水库、大池塘等均可。

② 放置方法　网箱用网布封顶后，用木架或竹框架浮于水面，网箱下沉水中0.8米。

（3）放养密度　一般每立方米水体10000～20000只。

（4）管理措施

① 每天分2～3次投喂蛋黄或豆浆，也可投入少量鱼、蚕蛹、动物尸体等粉浆和糊状物。

② 适量放养一些水生植物。

③ 对网箱要定期检查，定期洗刷。

④ 防敌害。

二、幼蟹的蜕壳管理

一些河蟹大眼幼体在蜕变为Ⅰ期幼蟹时非常困难，如果在此阶段不加以注意，有些幼蟹可能就会死亡，为了确保幼蟹的成活率，所以在此阶段要加强管理。

1. 变态难的原因

(1) 蟹苗不壮　蟹苗如果不壮，放进育种池后，凭自身的活力，尚能捕食所需的食物，基本能满足蜕变为Ⅰ期幼蟹的需要，若Ⅰ期幼蟹由于先天营养不够、体质较弱、捕食能力和抗逆力则更差，因而产生营养不良等现象，将造成一部分或大部分死亡。

(2) 环境不佳　场地条件不佳，饲养管理不善，特别是投饵和水质管理没有随同蟹苗变为Ⅰ期幼蟹的食性等的变化而改变。因此，在蟹苗刚入池的几天里需要适度的肥水环境，即适口的浮游生物要多，投喂蛋黄、豆浆、鱼糜、蛋羹等的总量应为在池蟹苗的200%～250%；一旦蟹苗变为Ⅰ期幼蟹后，则由以浮游生活为主转变为以底栖生活为主，由摄浮性饵料为主转变为以摄沉性饵料为主；如果饵料和其他生态条件满足不了这两个转变，也就是说，Ⅰ期幼蟹已基本失去摄食浮性饵料的能力，如果再继续增加浮性饵料，不投喂适口沉性饵料，将会产生下列情况。

① 水质过肥，氨氮增多，溶解氧减少，环境恶化。

② Ⅰ期幼蟹在较差的环境中无食充饥，或无力摄食，饥饿难忍，因而上草、上岸较多，不能蜕皮变态，死亡率较大。

2. 变态难的处理措施

(1) 在蟹苗入池前5～8天，适当肥水，培育蟹苗爱食的轮虫等生物饵料，水色达淡茶色即可。此时可投放蟹苗。为了补充生物饵料，在放蟹苗前10天可单独设池专门培育生物饵料，当蟹苗池活饵料不足时，可用抄网抄捕出来投喂，如再不足，则用人工配制饵料（如蛋羹、鱼糜等），并充气增氧，以保证蟹苗吃饱吃好，增强体质。

（2）蟹苗变为Ⅰ期幼蟹后，主要做好两件事：一件事是适当清水，降低轮虫等浮游动物的密度，以减少溶解氧的损耗；另一件事是适当投喂微粒沉性饵料，保证Ⅰ期幼蟹摄食的需要。

（3）适当增加水体的水生植物、浮游植物，借助它们光合作用释放出来的氧而增加水体溶解氧。

（4）把水温调控在19～24℃。

（5）净化水质，防止污染和富营养化。

（6）如发现幼蟹上草、上岸或上网，即用25毫克/升生石灰水向蟹喷洒2～3次。之后，如仍有上述现象，再用5～10毫克/升土霉素液喷1～2次。

三、1龄蟹种对水域环境的要求

1. 温度

适宜水温为15～30℃，最适水温为22～30℃。水温大于30℃，生长发育受抑制；水温低于10℃，很少进食，5℃时基本停止摄食，进入冬眠状态。春季水温回升至8℃以上，开始少量进食，其后随水温升高，摄食量增加。因此，盛夏时，应加注新水调节水温；冬季应加大水体保温；春季水温低时，要灌以浅水来提温。

2. 溶解氧控制

最适溶解氧含量为5毫克/升以上，蟹池中溶解氧变化的一般规律是：①气压低时，水中溶解氧减少；②气温升高，河蟹新陈代谢增强，水体中溶解氧减少；③白天由于水生植物进行光合作用，放出氧气，水中溶解氧升高，夜晚光合作用停止，水体中各种动物呼吸耗氧，溶解氧减少，一般溶解氧在日出之前最低，下午2～4时最高。

水体中溶解氧少时，可采取如下措施增氧：①清除池中过多的淤泥；②控制施肥；③调整放养量；④扩大蟹池受风面积，经常加注新水；⑤每 2 米^2 放置 1 枚气石送气。

3. pH 值

适宜 pH7～9，最适 pH7.5～8.5。

4. 营养盐类

一般通过施有机肥等来补充水体中的营养盐类，要特别强调的是，水体中的钙盐对河蟹蜕壳有十分重要的作用。

四、1 龄蟹蟹池建设的要求

1. 1 般要求

1 龄蟹蟹池的建设要求 1 龄蟹种的蟹池以四角为弧形的东西向长方形为佳。这样的蟹池向阳面大，对河蟹的活动、栖息和觅食均有利。面积宜小不宜大，一般以 0.5～2 亩为宜。池水深 0.8～1.2 米。1 龄蟹种喜欢在浅水和水草丛中生活，水过深对其生长不利。向阳面为浅水区，一般水深 10～20 厘米，适当种些水草，供河蟹蜕壳用。为防止暴雨造成内涝，在蟹池的最高水位线上应加上 0.5 米的堤埂。池背阳一面的池坡度为 1∶2 或 1∶3，向阳一面的坡度为 1∶4 或 1∶5，池坡呈阶梯状。每层阶梯宽为 20～30 厘米，以增加河蟹蜕壳后爬上岸活动、觅食的面积，池底应有一定的坡度。池内设一些蟹穴，以供河蟹隐蔽和栖息。蟹穴可用瓦片、碎砖、石块等物建造，穴位设在上、水位之间，穴长一般可为 30～50 厘米。在池内种适量的水草，以创造有利于河蟹栖息的环境。水草在热天除有降温作用外，还能净化水质和补充河蟹的饵料。

2. 1 龄蟹的分级放养技术

1 龄蟹在养殖上要采用分级放养技术，分级放养的要点如下。

（1）合理规划养殖池　一般来说，暂养池的面积为饲养池总面积的 1%，一级养殖池占 20%～25%，二级养殖池占 25%左右，三级养殖池占 50%左右。

（2）蟹池扩大　由暂养池到一级池放养，可采用“子母池”扩大法，即在暂养池周围扩大蟹池，并加防逃设施。蟹苗暂养结束后，拆除暂养池的防逃设施，使幼蟹从暂养池自行进入一级养殖池生活，由一级养殖池放养→二级养殖池放养→三级养殖池放养，采用串联池的方式扩大，并建立统一的防逃设施。

分级放养是江苏、浙江一带群众养殖 1 龄蟹经常采用的方法。它的特点是在蟹苗暂养池的基础上，随着幼蟹个体的增大，蟹池也逐步扩大，使 1 龄蟹始终保持合理的密度，从而达到管理方便、降低成本的目的。分级放养与将暂养后的幼蟹直接放养到大池中相比，有以下优点。

① 可提高饵料利用率，减少饵料浪费。

② 可分次投资，减少资金、劳力不足的矛盾。

③ 便于管理，减少无效劳动。

④ 有利于促进幼蟹的平衡生长。

3. 1 龄蟹的放养密度及幼蟹的疏散

（1）分级放养示例　以 100 亩养蟹池为例，暂养池面积 1 亩，养殖约 20 天后，将暂养池扩大成面积为 20～25 亩的一级放养池，养殖 25～30 天后，将一级放养池扩大成面积为 50 亩左右的二级放养池，养殖约 30 天后，将二级放养池扩大成面积为 100 亩的三级放养池。

（2）放养密度　一级放养池的放养规格为体重约 0.5 克/只，背甲长 10 毫米左右，每亩放养 25000～30000 只。二级放养池的放养规格为体重约 5 克/只，背甲长 25 毫米左右，每亩放养 10000～12000 只。三级放养池的放养规格为体重 15～20 克/只，背甲长 35 毫米左右，每亩放养 5000～6000 只。

（3）幼蟹的疏散　幼蟹在养殖池之间进行疏散时，可采用水流刺激法、人工捕捉法、饵料引诱法进行。水流刺激法是利用 1 龄蟹种喜欢随新鲜水流前进的习性，先将蟹池内的水放掉一半，再将无蟹池中的新鲜水往蟹池中放，蟹就会逆水而上，爬至无蟹的池中，从而达到分池的目的。人工捕捉法是利用蟹种喜弱光、夜晚活动的特点，采用灯光诱捕，并将捕获的蟹种放入其他蟹池内。饵料引诱法是将蟹池中的投饵范围逐步扩大，引诱蟹种到需放入的蟹池中，从而达到疏散的目的。

五、1龄蟹的蜕壳管理

在1龄蟹养殖期间，由于群体蜕壳时间太长，对养殖不利，因而需采取措施，促进河蟹集中蜕壳。

1. 蜕壳期间的管理

1龄蟹种在生长过程中，要多次蜕壳，刚蜕壳的软壳蟹失去防敌和吃食能力，易受敌害侵袭，有时因蜕壳不遂而死亡。因此，要对软壳蟹采取一定的保护措施。

(1) 每次蜕壳来临前，动物性饵料需占50%以上。

(2) 发现个别蟹种蜕壳，应每亩泼洒生石灰水（亩用生石灰7.5～12.5千克)，同时适量投入水生植物等，以增加蟹种蜕壳所需的附着物。

(3) 在蜕壳期间，一般不换水。

2. 软壳蟹的保护措施

(1) 为河蟹蜕壳提供良好的环境，给予其适宜的水温、隐蔽场所和充足的溶解氧；增喂钙质和含蜕壳激素的饵料；建池时留出一定面积的浅水区，供河蟹蜕壳；种植一些水花生、水浮莲等作为蜕壳场所。

(2) 放养密度合理，以免因密度过大而造成相互残杀。

(3) 放养规格尽量一致。

(4) 收取刚蜕壳的河蟹另池专养。

六、1龄蟹养殖中的僵蟹

在1龄蟹的饲养过程中，由于多种原因，产生了生长不平衡的现象。个体大的河蟹，背甲长当年就可达到5.5厘米，体重达100克。个体小的当年背甲长只有1～2厘米，体重仅1～2克。这些个体奇小的河蟹往往栖居在远离水面的洞穴里，懒得出来活动和觅食。这种个体生长上的差异夹着一批明显个体小的河蟹。这些小个体的河蟹被称为僵蟹，又称为“懒蟹”或“落脚蟹”。

1. 僵蟹产生的原因

（1）溶解氧太低　养殖水体溶解氧太低，当水中溶解氧低于3毫克/升时河蟹部分离开水体，上岸栖息。时间一长，它就能适应在岸上洞穴里生活，不再下水觅食，由于岸上食物少，上岸后的河蟹因缺少营养而影响生长，成为僵蟹。

（2）水位变动太大　河蟹在正常情况下，它常打洞于“潮间带”，洞口在水面上，洞底略低于水面，少量有水。如果养殖池水位忽高忽低，河蟹的洞穴也就随之变动。当水位上升时，有些河蟹在水面附近打洞穴居，一旦水位下降，它们来不及向下迁移，久而久之，穴居洞中，摄食不足，造成个体较小。

（3）密度高，投饵不均匀　河蟹密度高，投饵不均匀。因为河蟹多集中在一起，造成部分小蟹觅不到饵料，争食力强的幼蟹迅速长大，而争不到饵料的蟹显然个体长不大，时间一长，个体规格差距就增大，小的河蟹也自然成为僵蟹。

（4）生态条件差　生态条件不能满足河蟹生长的需要，例如水中无水生植物，不适合河蟹的隐居洞穴的生活，破坏它的正常生活而造成僵蟹的形成。

2. 预防产生僵蟹的措施

（1）改善水域条件

① 定期换水，每2～4天换1次水，保持水质清新。

② 及时清除残饵和排泄物，防止污染水体。

③ 人工增氧，开动增氧机，使溶解氧保持在5毫克/升以上。

（2）控制水位　根据不同季节调节水位，盛夏和越冬水位高一点。早春水位低一些，以提高水温。水位保持相对的稳定。

（3）均匀投饵　1龄蟹饲养，每日投饵1次，时间放在傍晚，便于夜间觅食活动，投饵要分散，防止饵料过分集中，造成强的争食力强，弱的因争食力弱影响个体生长。

（4）增加漂浮物　种植水葫芦、水浮莲、水花生，既可作河蟹的饵料，又可供河蟹攀爬。面积较大的养蟹池，中间要建人工蟹岛。

（5）控制养殖密度　根据水域具体条件、生产计划的安排，确定适当的蟹种放养数，不要过密或过稀。

七、幼（仔）蟹和扣蟹运输

1. 幼（仔）蟹的特点

幼（仔）蟹的运输，它的运输难度比蟹苗运输要小，但比大规格蟹种运输难度要大。由近几年的运输成活率来看，大部分仔蟹的成活率较高，在90%左右，但有时仍在10%以下。这说明仔蟹运输要求有独自的技术，它有自己的特点，它既不同于蟹苗运输，也不同于蟹种运输。

（1）仔蟹已具蟹的形状，但这期间蜕壳密集，即蜕壳时间间隔短，运输时一定要避开蜕壳期。

（2）运输仔蟹的季节正是高温时期，因此，长途运输时要安排降温措施。实践证明，用人造冰块降温比空气降温效果好。

（3）仔蟹只能用干法进行运输，因此在安排加冰运输、降温措施时，要避免仔蟹与冰融化的水混在一起。

（4）仔蟹在刚由大眼幼体蜕化形成的Ⅰ、Ⅱ期运输难度相对要大，一般要避免在这期间运输、尽量在Ⅲ期以后运输。

（5）仔蟹的生命力比蟹苗强，但抗逆能力仍比较弱。因此，长途运输时尽量要安排紧凑，尽可能缩短运输时间。

幼（仔）蟹运输，一要防止折断附肢，二要防止逃逸。幼蟹的生命力远比蟹苗强，爬行迅速，装箱操作要求轻而快，装运工具可用蟹苗箱、小竹篓，也可将幼蟹放在带盖网箱里置于活水舱内运输。

2. 仔蟹运输的技术

（1）容器与包装　装运仔蟹长途运输的容器和包装各地有所不同，但主要有两种，一是蟹苗箱盛装，二是纱绢（窗纱）袋外套泡沫箱、竹筐等工具。

（2）运输工具　短途运输仔蟹可用船只、摩托车，甚至自行车。但长途运输时，一定要缩短时间，一般采用飞机或空调车。

(3) 蟹苗箱盛装仔蟹　蟹苗箱盛装仔蟹前，要将箱浸泡于水中，装蟹前在箱内放一些不易腐烂的水草（如水花生），以便仔蟹爬附。对于每箱盛装仔蟹的数量则要视运输距离而定，在长期运输时，每箱为 0.25～1 千克。

(4) 纱箱袋盛装仔蟹　有纱绢袋、泡沫箱、小竹竿（木棍）及装冰块的聚乙烯薄膜袋。首先将冰块放入薄膜袋内，然后将袋口扎紧，平放于泡沫底，再将竹竿（或木棍）架于其上，注意竹竿相对固定，将鲜活水草平铺其上。仔蟹装袋后，袋口也要扎紧，并平放于水草之上，盖上泡沫箱盖子，用绳或贴胶带固定箱体即可。每袋 1.5～2 千克，1 箱可装 1～2 袋。

扣蟹运输参看本章第二节蟹苗的运输。

八、扣蟹性早熟的原因及控制

蟹种性早熟是稻田培育扣蟹中的一大难题，也是直接制约河蟹养殖生产发展的一个重要因素。在生产实践中发现，稻田培育扣蟹，如不采取有效技术措施进行控制的话，所培育的扣蟹中，性早熟蟹种（也称小绿蟹）一般占扣蟹总数的 20%，有的超过 30%，有的甚至达到 50%以上。由于性早熟蟹种不能继续生长，因此不能作为蟹种用；而个体一般又较小，食用价值不大，作为商品蟹售价很低。由此可见，在稻田培育扣蟹过程中，采用技术措施控制蟹种性早熟现象的出现是十分必要的。

那么，应该采取哪些技术措施呢？首先，我们要了解蟹种性早熟的原因。根据研究分析，在稻田中培育扣蟹造成蟹种性早熟的原因主要有以下几点。

1. 有效积温过高

有效积温过高，致使鱼类、爬行类、鸟类性早熟，这在理论和实践中均已被证实。同样将河蟹蟹苗运到珠江流域水体中放流，则它们当年就达性成熟（一般规格为 60 克左右），即可参加降河洄游。而将河蟹蟹苗运到北方辽河流域水体中放流，则它们要到第三年才达性成熟。可见，有效积温高低能影响河蟹的性腺发育。

稻田的环境与河蟹天然生长的江河、湖泊又不同。稻田里水浅，在长江流域其夏季水温高达 36～38℃，而江河、湖泊的水温不超过 30℃，由于河蟹生长期水温高，其新陈代谢水平高，摄食量大，生长速度加快，当肝脏贮存养分过多时，便向性腺转化，促使性腺快速发育，从而形成性早熟。

2. 放养蟹苗过早

近年来，河蟹的人工繁殖季节过早，4 月初或 4 月底就可获得蟹苗，这些蟹苗必须用塑料大棚保温才能正常生长，否则在自然条件下若遇低温极易死亡，它们的生长期比天然蟹苗要早一个半月到两个月，其当年的有效积温也相对增加，这等于延长了河蟹当年的生长期，如果培育时处理不当，也容易产生性早熟蟹种。

3. 盐度过高

目前，稻田培育扣蟹多集中在沿海地区，这些地方盐碱地多，较高的盐度刺激了河蟹的性腺发育，促使蟹种性早熟。比如上海崇明县，其长江北部沿岸的稻田水体的盐度一般为 1～3，比长江南部沿岸稻田（纯淡水）的高，其东部又比西部的盐度高，因此稻田培育扣蟹中，性早熟蟹种的出现率也是长江北部沿岸的稻田比长江南部沿岸的稻田高，东部也比西部的高。

4. 营养过剩

河蟹的性腺重量与其肝脏重量是成反比的。在幼蟹阶段，其性腺小、肝脏重，肝脏为卵巢重量的 20～30 倍。当成蟹阶段进入生殖洄游时，其性腺发育迅速，卵巢逐渐接近肝脏的重量。当进入交配产卵阶段，卵巢的重量已明显超过肝脏。在江河、湖泊中生长的河蟹蟹种，其胃内的食物组成主要以植物性饵料为主，饵料质量差，故生长较慢，肝脏体积小，性腺发育处于停滞状态。而稻田培育的蟹种，投饵数量多、质量好，一些养殖户或养殖单位为使河蟹快速生长，从河蟹的大眼幼体放养之日起就一直投喂蛋白质含量很高的动物性饵料和精饲料，有些养殖户或养殖单位还在河蟹的饵料中添加促生长剂。由于营养过剩，致使蟹种肝脏的体积迅速增大，并加速向性腺转化，以贮存多余的营养物质，于是便出现生长快、个体大的性早熟蟹种。

性早熟控制办法有如下几种。

(1) 适当晚放苗　若放养人工繁殖的蟹苗，其放养时间应尽量接近天然蟹苗，一般以放养6月中旬以后的大眼幼体为宜，最早不要早于5月份。

(2) 加大放养密度　为控制河蟹生长过快，蟹苗的放养量可从原来的每亩放养250～300克增加到每亩放养400～500克。使当年的扣蟹规格培育成每千克120～140只。

(3) 降低稻田水温　培育扣蟹的稻田应尽量选在有丰富地下水、冷泉水或深水库的下游，便于打井引水或自流灌溉。

在夏、秋高温季节，每天上午9时至下午4时，不停地向稻田内注水，使之形成微流水，利用流水降低稻田水体的温度。适当加深稻田的水位，以水深适当控制水温升高，尽量使稻田水体的温度保持在20～24℃，以延长蟹种的生长期，降低性早熟蟹种的比例，提高稻田培育扣蟹的经济效益。蟹沟、蟹溜的水深要保持在70厘米以上，并在沟溜中种植水生植物如茭白、水蕹菜、菱等，田埂上也应种植瓜、果等经济植物，最大限度地降低稻田水体的温度，以防止有效积温过高。

(4) 调整饵料结构　在培育扣蟹的整个喂养过程中，蟹种的饵料结构要坚持两头精中间粗的原则。刚放入大眼幼体，要投喂以枝角类为主的浮游动物和鱼糜等精饵料，便于河蟹消化和保持水质清洁，以防止产生懒蟹。20天后（三期幼蟹后），投喂的饵料要以水草、浮萍、麦麸、玉米等植物性饵料为主。如发现幼蟹生长太快，则要停止喂食或三四天投喂一次。

9月中旬以后，为增强蟹种的体质，以便其能顺利越冬，还要投喂20～30天的精料，品种以小鱼虾、豆饼和人工配合饲料为主。

第四章 河蟹的营养与饲料

饵料是河蟹幼体培育和养殖成败的关键。尤其在幼体培育过程中，除水质因子外，就要靠适口的饵料来促进河蟹蜕皮生长。许多育苗单位的成败与否，主要的就是饵料因素。所以，研究适口的饵料乃是提高河蟹幼体成活率及养殖生长的最重要的方向。实践证明，优质鲜活的适口活饵对河蟹幼体培育和生殖生长起着举足轻重的作用。

河蟹喜食的自然生长在水中和陆地上的各种生物，被称为河蟹的天然饵料，主要有浮游动物、浮游植物、水生植物、底栖动物、陆生动物、陆生植物等。

河蟹喜欢吃的人工饵料包括植物性饵料和动物性饵料。详细内容请注意各节介绍。

第一节 河蟹育苗阶段的饵料

一、育苗阶段的生物饵料

育苗阶段常见的生物饵料包括单胞藻类（如扁藻、小球藻、等鞭金藻、三角褐指藻、小新月菱形藻、角毛藻等）、轮虫（褶皱臂尾轮虫）、卤虫（又称咸水丰年虫）、枝角类等。

单胞藻类含有丰富的蛋白质、维生素、钙和磷，纤维素含量也较多。轮虫和卤虫含有丰富的动物蛋白质、矿物质（如钙、磷、钾、铁、镁等）和多种微量元素（如钼、锌、铜、碘、硅等），是河蟹幼体的主要饵料之一。

生物饵料营养丰富，新鲜适口，河蟹食之能加速变态生长，而且不会破坏育苗水体，使育苗水体长期处于肥、活、爽，易于保持和稳定育苗水体良好的生态环境。

二、育苗阶段的人工配合饵料

如果蟹苗生物饵料不足或暂时短缺时，则要用豆浆、蛋黄、蛋羹、虾粉、鱼糜、蓝藻粉等配制适口的人工代用饵料。可在代用饵料中掺和适量的易消化的水产饵料黏合浮性添加剂，使饵料下沉、溃散速度减缓，从而提高饵料利用率和减少水质污染。

育苗阶段的人工配合饵料含有蟹苗生长所需的粗蛋白、粗脂肪、各种氨基酸和必需氨基酸。但是代用饵料中缺乏幼体生长所需的多种生物活性物质，所以它只能作为一种辅助饵料来投喂，作为补充投喂必须与鲜活饵料搭配或交替使用才能使蟹苗得到各种所需营养，健康生长。

育苗阶段的人工配合饵料具有来源广、数量多、加工容易、使用方便、价格低廉等优点。使用代用饵料能替代部分生物饵料。

三、育苗阶段的商品微粒饵料

育苗阶段商品微粒饵料应关注以下几个方面。

（1）几种国内外生产的悬浮微粒饵料

① 日本武田科技饲料株式会社出品的“河蟹孵化初期悬浮幼体饵料 M1～4”。

② 大连生产的红株王牌海洋酵母活菌株浓缩液，每毫升液体中含有 100 亿个海洋酵母活细胞，是幼体的开口饵料之一。

③ 由日本引进的微型育苗饵料含有幼体所需的高营养、促生长、防疾病等成分。

（2）单胞藻类含有比较丰富的蛋白质、维生素、钙和磷，纤维素含量也较多。轮虫和卤虫含有丰富的动物蛋白质、矿物质（如钙、磷、钾、铁、镁等）和多种微量元素（如钼、锌、铜、碘、硅等），是河蟹幼体的主要饵料之一。

(3) 容易获取，使用方便，易于投喂。

第二节　河蟹育成阶段的饵料

一、育成阶段生物饵料

凡是河蟹喜食的、自然生长在水中和陆地上的各种生物，均称为河蟹的天然饵料。天然饵料又分为以下几种。

1. 浮游植物

常见的主要种类为蓝藻、硅藻、绿藻、甲藻、金藻、黄藻、裸藻等。浮游植物一般含水分较多，含水量达90%以上。它们含有丰富的蛋白质、维生素、钙和磷，蛋白质的生物学价值较高。维生素B族以及维生素C、维生素E、维生素K的含量相当多，纤维素含量也较多。是蟹苗、早期幼蟹和浮游动物的饵料。

2. 浮游动物

包括原生动物、轮虫、枝角类、桡足类等。为河蟹幼体提供丰富的动物性蛋白源。

3. 水生植物

包括苦草、轮叶黑藻、菹草、马来眼子菜、芜萍、浮萍、水浮莲、水花生、小茨藻、黄丝草等。水草中含有少量蛋白质、脂肪以及其他营养要素，水草的茎叶中富含维生素C、维生素E和维生素B族等，这可以补充投喂谷物和配合饲料时多种维生素的不足。此外，水草中还含有丰富的钙、磷和多种微量元素，其中钙的含量尤其突出。是河蟹的主体天然饵料。

4. 底栖动物

水域中的螺、蚬、河蚌、水蚯蚓等。它们营养全面，含有丰富的动物性蛋白质，且必需氨基酸完全，是河蟹最佳的天然饵料。是提高河蟹鲜美度的重要因子。

5. 陆生植物

有黑麦草、狼尾草、聚合草、苏丹草、豆科植物的茎叶和种子、各种菜叶和瓜叶等，另外还有茭白、芦苇的嫩叶和根部等。陆生植物属于青绿饲料，一般含水分和纤维素较多。他们含有丰富的蛋白质、钙、磷和胡萝卜素，维生素B族以及维生素C、维生素E、维生素K的含量也相当多，故营养较完善。

二、育成阶段的人工饵料

主要是指可以作为河蟹饵料的农副产品和人工培育的各种活饵料。人工饵料又分为以下几种。

1. 植物性饵料

主要包括黄豆、豆饼、棉子饼、麦类、米糠、豆渣、酒糟、酱渣、花生饼、麦芽等。这些饵料来源容易，粗蛋白含量较高，必需氨基酸的含量也较多，另外还含有粗纤维和少量的脂肪，营养较多，易于消化，是河蟹生长的主要能量来源。

2. 动物性饵料

主要包括鱼粉、骨肉粉、畜禽内脏、蚕蛹干、血粉血块等。这些饵料蛋白质含量较高，营养丰富全面，是河蟹生长的主要动物性蛋白质来源。

3. 人工培育的鲜活饵料

主要有螺蛳、河蚬、河蚌、蚕蛹、黄粉虫、蚯蚓、小杂鱼、蝇蛆等。它们营养全面，含有丰富的动物性蛋白质。是河蟹非常喜爱的最佳的动物性饵料。

三、育成阶段配合饵料

育成阶段主要饵料为配合饵料，是以河蟹的营养生理特点为基础，根据河蟹不同生长发育阶段的营养需要，把能量饲料、蛋白质饲料、矿物盐和维生素等多种营养成分按比例配合，通过加工制成的营养全面、河蟹喜爱的成品饲料。

配合饲料具有饵料系数低、经济效益高、营养全面、促生长、防疾病、投喂方便等特点。

第三节　河蟹生长期各阶段的饵料配方

一、溞状幼体的饵料配方

溞状幼体到大眼幼体，需 30～40 天。

在幼体的培育中要求饵料鲜活、适口、适量。溞状幼体食谱广泛，但以动物性饵料为主、植物性饵料为辅，也摄食一些有机碎屑。

配方一：单胞藻类、轮虫、卤虫、商品饵料（或较大型的浮游动物）组成的饵料系列。其中单胞藻类为基础饵料，轮虫为溞状幼体的开口饵料，卤虫及其幼体为育苗的主体饵料，商品饵料（或较大型的浮游动物）可作为补充饵料。

配方二：单胞藻、轮虫、鱼糜、枝角类组成的饵料系列。卤虫是幼体重要的动物性饵料，为降低成本这里用鱼糜很大程度上代替了卤虫。

配方三（代用饵料）：蛋黄、豆浆、蛋羹（鲜鸡蛋或鸭蛋、50%卤虫干粉或卤虫 30%、奶粉 20%）、奶粉、鱼糜（梅童鱼、鳕鱼等）、新鲜贝肉。

配方四：商品微粒悬浮饵料，以鲜鱼卵为主要原料，模拟卤虫、轮虫的营养成分，并添加各种维生素、矿物质、微量元素制作而成的微粒饵料、微囊饵料和微膜饵料。溞状幼体的微饵粒度为 50～150 微米。现介绍几种国内外生产的悬浮微粒饵料。

（1）日本武田科技饲料株式会社出品的“河蟹孵化初期悬浮幼体饵料 M1～4 号”，其在水中呈分散悬垂状，不污染水质。

（2）大连生产的“红株王牌海洋酵母活菌株浓缩液”，每毫升液体中含有 100 亿个海洋酵母活细胞，是幼体的开口饵料之一。

（3）由日本引进的“微型育苗饵料”，含有幼体所需的高营养、促生长、防疾病等成分。

二、大眼幼体（蟹苗）的饵料配方

大眼幼体变为Ⅰ期幼体之前，需6～10天。

蟹苗入池到变态的几天里，以摄食浮游生物为主。

配方一

（1）动物性饵料　由单胞藻、卤虫、轮虫、剑水蚤、枝角类等组成的饵料系列。卤虫是幼体重要的动物性饵料，为降低成本，用鱼糜可在很大程度上代替卤虫。

（2）植物性饵料　有小浮萍等。

配方二（代用饵料）

（1）三浆：豆浆、鱼肉贝浆、草浆。

（2）以新鲜的鱼糜、肉糜为主，以豆渣、煮熟的蛋黄等搅碎投喂为辅，配制成代用饵料。

三、早期幼蟹（仔蟹）的饵料配方

Ⅰ期幼蟹到Ⅲ期幼蟹，需15～20天。

大眼幼体变为Ⅰ期幼蟹后，是河蟹捕食能力最弱的一个阶段，生活方式发生了很大的改变，逐渐由浮游变为在水草上岸边底栖，食性由食浮游生物、悬浮饵料为主变为食底栖动物、沉水饵料为主。饵料要适时、适口，保证仔蟹吃饱吃好。

配方一

（1）动物性饵料：剑水蚤（红虫）、裸腹蚤、水蚯蚓等底栖动物。

（2）植物性饵料：水浮莲、浮萍、水葫芦、满江红等。

（3）人工饵料：细粒豆饼、花生饼、麦麸、血粉、嫩菜叶及豆腐渣等。

配方二

（1）三粉：豆饼粉、菜籽饼粉、麦麸粉。

（2）三血：猪血、鸭血、鸡血。

三粉和三血结合适用于Ⅰ～Ⅲ期幼蟹。

配方三：鱼肉浆 20％、蛋黄 30％、豆浆 30％、麦粉 20％。

配方四：鲜鱼糜、鲜螺肉、蚌肉、豆渣、豆饼浆、麸皮糊等（用 80 目网过滤）。

四、幼蟹的饵料配方

Ⅲ期幼蟹到扣蟹，需 40～50 天。

当蟹苗变为Ⅲ期幼蟹后，转营底栖生活，并摄食水中的底栖生物。自此开始应增加植物性饵料尤其是水草的投喂，还要搭配 20％～30％的动物性饵料，以满足幼蟹生长的营养需要。这一阶段是蟹种养殖的关键时期，既要保证幼蟹有较快的生长速度，又不能使幼蟹性腺早熟，饵料要搭配得当。

配方一

（1）动物性饵料：小鱼小虾、螺（蚬、蚌）肉、轮虫、剑水蚤（红虫）、水蚯蚓等。

（2）植物性饵料：轮叶黑藻、马来眼子菜、苦草、浮萍，以及南瓜、白菜、玉米、小麦、花生饼、芝麻等。

（3）配合饲料：商品饵料。

配方二

（1）三米：大米、小米、高粱米。

（2）三贝：螺蛳、河蚬、河蚌。

三米和三贝结合使用。

配方三：多投喂一些水草、南瓜、山芋、麦芽、麦片等，适当投喂一些小鱼小虾、螺蚬蚌肉等。水中要放入一些浮萍、水浮莲、水葫芦、水花生、满江红等水生植物。

五、成蟹的饵料配方

扣蟹到商品蟹，需 3～4 个月。

饵料特点如下。

（1）蛋白质是河蟹必需的营养，在成蟹阶段，要求总的粗蛋白在 35％左右，养殖前期较高，后期略低一些。

（2）在配合饲料中需要增加一定数量的无机盐添加剂（特别是钙和磷等），以提高饲料的利用率。

（3）配合饲料中必须添加蜕壳素，以减少河蟹的自相残杀，提高其成活率。

配方一：鱼粉21%、豆饼粉16%、菜饼粉15%、玉米粉16%、麸皮18%、甘薯粉10%、植物油3%、无机盐添加剂1%。在饲料总量中添加0.1%的蜕壳素。该配方含粗蛋白30%左右。

配方二：蚕蛹粉20%、大麦粉20%、菜饼粉30%、稻草粉8%、甘薯粉20%、骨粉2%。在饲料总量中添加0.1%的蜕壳素。该配方含精蛋白27%左右。

配方三：鱼粉20%、发酵血粉15%、豆饼粉22%、棉籽饼17%、玉米粉9.8%、骨粉13%、复合维生素0.1%、矿物添加剂2%。在饲料总量中添加0.1%的蜕壳素。在饲料总量中添加1.5%的田菁粉作为黏合剂。该配方含粗蛋白37%。

配方四：豆饼45%、麸皮27%、土面10%、蟹壳粉或鱼骨粉13.1%、海带粉4.5%、生长素0.35%、维生素A和维生素D0.05%。

配方五：黄玉米粉25%、黄豆粉15%、麦麸5%、米糠5%、玉米发酵液5%、苜蓿3%、鱼粉25%、蚕蛹粉5%、骨粉1.5%、维生素混合剂1%、矿物渣（如钙、铁、钾等）或蟹壳粉、贝类粉、蛋壳粉等占4.5%、明胶5%。

配方六：鱼粉3%、豆饼粉10%、菜籽饼粉20%、血粉10%、麦粉25%、玉米粉30%、矿物质1%、维生素添加剂1%。

配方七：鱼粉10%、血粉15%、饼类30%、麦粉10%、肉骨粉8%、草粉20%、其他7%。

配方八：鱼粉或贝肉20%、饼类40%、玉米粉20%、地瓜粉5%、苜蓿粉5%、虾壳粉或骨粉7%、矿物质2%、维生素1%。另外，加喂浮萍、马来眼子菜、水浮莲等鲜嫩青饲料。

第四节　河蟹的饵料投喂技术

一、投饵时间

河蟹投饵一般每天两次，上午八九点钟投一次，傍晚七八点钟再投喂一次。饵料投喂以傍晚为主，投喂量应占全天的60%～70%。

二、投饵内容

河蟹的饵料投喂是因生长阶段的不同而有所不同。在1龄蟹种至成蟹养殖阶段，投喂的饵料以蟹类人工配合饲料为主，没有专用饲料的地方，可以自己配制饵料，例如，投喂普通鲤夏花饲料，配以1/5～1/3的蚯蚓、碎肉、小杂鱼粉、酒糟、螺贝类碎肉、牲畜下脚料等。另外，还要把饵料加工成一定规格大小（如畜禽下脚料切成蚕豆粒大小块状、山芋刨成丝、麦芽等）再喂，成蟹阶段的饵料一般不加工，但黄豆、玉米要煮熟再喂。蟹种刚放进池时，要以动物性饵料为主、植物性饵料为辅。河蟹生长中期应以投喂植物性饵料为主，搭配动物性饵料，后期应多投喂动物性饵料，做到“两头精，中间青”。

三、投饵数量

河蟹的饵料系数一般在5以上，究竟投饵多少，应视季节、水温、蟹的不同生长阶段来定。总的分配原则是：上半年投饵占总量的30%～35%；7～11月份占总量的65%～70%。蟹种至成蟹的日投喂量为在池蟹总重的8%～10%。成蟹喂养按蟹体重的5%左右投喂，动物下脚料按占颗粒饲料的10%左右投喂。另外，还要视天气、水温、水质等状况，以及河蟹吃食情况，灵活掌握，及时合理地进行调整。

四、投饵方法

“四定四看”，即定时、定点、定质、定量投喂；看季节、看天气、看水质、看河蟹的吃食情况确定饵料投喂量。主要在岸边和浅水处多点均匀投喂。用塑料编织袋片或密眼网片制成的罾形食台较好。

第五节　河蟹的生物饵料培养

一、浮游单胞藻的培养

1. 培养液配方

培养的藻种主要是绿藻门、硅藻门、金藻门和黄藻门中的个别种，如扁藻、小球藻、等鞭金藻、小新月菱形藻、三角褐指藻、牟氏角毛藻等。

适合投喂第Ⅰ至第Ⅴ期溞状幼体和大眼幼体。

培养液配方如下。

（1）扁藻培养液配方：硫酸铵 200 毫升、过磷酸钙 30 毫升、柠檬酸铁（1%溶液）0.5 毫升、海泥抽取液 20～100 毫升、海水 1000 毫升。

（2）小硅藻配方液配方：硝酸铵 50 毫升、磷酸二氢钾 5 毫升、柠檬酸铁 0.5 毫升、海水 1000 毫升，另外可加入硅酸钠 10～20 毫升。

（3）三角褐指藻、新月菱形藻培养液配方：人尿 5 毫升、海泥抽取液 20～50 毫升、海水 1000 毫升。

（4）角毛藻培养液配方：硫酸镁 0.03 克、硝酸钙 0.006 克、磷酸二氢钾 0.006 克、氧化钙 0.024 克、海水 1000 毫升。

（5）等鞭金藻 3011 培养液配方：硝酸钠 60 毫克、磷酸二氢钾 4 毫克、柠檬酸铁 0.5 毫克、硅酸钠 5 毫克、维生素 B_1 100 毫克、维生素 B_{12} 0.5 毫克、海水 1000 毫升。

（6）藻类大生产时培养液配方：硝酸钠 50～120 毫克、磷酸二氢钾 3～8 毫升、柠檬酸铁 0.1～1 毫克、海水 1000 毫升。

另外，在培养金藻时，需加入维生素 B_1 100～200 毫克、维生

素 B_{12} 0.5 毫克左右。如果培养的不是硅藻，可不加硅酸藻。

2. 培养方法

（1）小型培养　又称一级培养或保种培养。在生产上主要是在保种室进行。其目的是进行纯藻种的分离培养、藻种保存、开展科学研究和为后续培养提供藻种。一般是用 1 万毫升或 2 万毫升的细口瓶及小型玻璃钢桶培养，充气或不充气，主要应用一次培养法。

（2）中继培养　又称二级培养，其目的在于培养较大量的高浓度纯种藻液，供应三级培养接种使用。中继培养在室内的玻璃钢桶或二级池（小型水泥池）中培养。生产实践证明，二级培养是单胞藻培养成败的关键一环。

（3）大量培养　又称三级培养，其目的是为培养动物提供大量饵料。有室内和室外两种设备。目前主要采取室内、开放式、通气、一次性培养法。

总之，单胞藻的培养是逐年扩大的，每级之间并没有绝对的界限。

二、褶皱臂尾轮虫的培养

1. 小型培养

适合投喂大眼幼体和幼蟹。

（1）种的分离　培养轮虫需要有种轮虫，春天当水温高达15℃以上，在海边高潮区的小水洼、小水塘等小型静水体中，常生活着褶皱臂尾轮虫。用浮游生物网在这些小水体中捞取，把标本置瓶中（内装大半瓶海水）带回室内。镜检，如发现褶皱臂尾轮虫，在解剖镜下用微吸管把轮虫吸出。为避免吸入其他生物，可先吸于一清洁凹玻片上，经观察后再吸到小三角烧瓶中培养。轮虫个体大，容易分离。分离采集时，应测定轮虫种原生活环境的盐度，新培养海水的盐度应与原生活环境的盐度相似。分离成功后，如需要改变其盐度，必须经过逐渐驯化过程。

（2）休眠卵孵化　分离的轮虫种可以长期培养保存，也可以用休眠卵的形式保存。如果是以休眠卵形式保存的，培养前必须先将它孵化。为了避免敌害生物（小型甲壳动物）的危害，休眠卵孵化的容器可用各种玻璃培养缸和小水族箱。容器清洗后加入过滤海水，然后把少量轮虫休眠卵放入海水中孵化。一般休眠卵干品混有大量的藻渣，量太多易引起水质变坏，孵化期间需少量充气或每天搅拌数次。如果条件适宜，一般经过3～7天的时间即可孵化。因为在孵化容器中存在着大量死藻渣，水质不好，孵化后轮虫应吸移到别的培养容器中培养。

(3) 轮虫的小型培养

小型培养多在室内进行，培养的目的是为大面积培养供应种轮虫及进行实验研究。

① 培养容器　常用各种玻璃培养缸、水族箱、广口瓶、水缸、小水泥池等。

② 培养用水　培养用水需用脱脂棉加250目或300目筛绢过滤或沙滤池过滤除去敌害生物。如果盐度过高，必须加入淡水调节。因褶皱臂尾轮虫喜欢有机质较多的水，可在培养海水中加入1%～2%的人尿。

③ 接种　一般要求每毫升水接种轮虫1～3个，在适宜的条件下，经过10天左右的培养即可达到收获的密度。接种的数量少些，除了需要较长的培养时间外，其他并无不良影响。

④ 投饵　小型培养轮虫的饵料多采用扁藻等单细胞藻类，也可使用各种酵母。单细胞藻类可以单独培养后投喂。每天投喂2次。投饵量不宜过多，以轮虫能吃饱又不过剩为宜。一般掌握投饵量的标准是：投饵后，培养海水呈淡藻色，在下次投饵之前培养海水基本变清。扁藻的投饵量是2.5万～5万细胞/毫升，新月菱形藻的投饵量为30万～50万细胞/毫升。酵母也是轮虫的好饵料，可用面包酵母和啤酒酵母培养轮虫，每天投饵量1～3毫克/升。也可将酵母片磨烂，加水搅拌，沉淀半小时后取上层清夜投喂，每立方米水体用3片，每天投喂2次。还可以用豆浆或牛粪培养轮虫。在培养过程中，要随着轮虫数量的增加，增加投饵量或投饵次数。此外，环境条件（如水温、水中氨氮等）不同也影响摄食量，因此

必须根据具体情况调节投饵量。也可以在培养轮虫的容器内直接加营养盐，同时培养藻类。这就需要同时满足轮虫和藻类生长的条件，特别应注意光照条件的满足。但用此法培养的饵料，一般不能满足轮虫的需要，尤其在培养后期当轮虫的数量较多时更是如此，在此情况下必须投饵补充。但有时也有藻类繁殖过盛，影响轮虫生长的情况。

⑤ 搅拌和充气　每次投饵后，需轻轻地搅拌。一方面可使饵料分布均匀，另一方面可以增加水中的氧气。如果采用充气的方法，则只能是微泡充气，使培养水面不形成大的水波。

⑥ 生长情况的检查　轮虫生长情况的好坏和繁殖速度的快慢是培养效果的反映。所以，在培养过程中必须经常观察检查轮虫的生长情况，以便针对存在的问题及时采取措施，不断改进培养方法，提高培养水平。观察在每次投喂前进行。注意轮虫的游动是否活泼正常、分布是否均匀、密度是否一天天加大、剩余饵料量的多少等。游动不活泼、分布不均匀、多沉于底部或密集于表层等都是不正常现象。必要时可做镜检。吸取少量轮虫于小培养皿中，在解剖镜或显微镜下观察。生长良好的个体肥大、胃肠饱满、游动活泼，多数成体带夏卵，少的1～2个，一般3～4个，最多可达14个。如果轮虫多数不带卵或带冬卵、雄体出现、轮虫死壳多、沉底、活力弱等都是不良现象。另外，通过镜检轮虫胃含物多寡、吃得饱不饱以及投饵前培养海水中剩余饵料量的多少，了解投饵量的合适与否。

⑦ 扩大培养　如果条件适宜，培养得法，轮虫的繁殖是很快的。经过一段时间的培养（一般10天左右），数量迅速增多。密度过大对继续生长不利，应进行扩大培养。

2. 大面积培养

适合投喂大眼幼体和幼蟹。

（1）种的分离　培养轮虫需要有种轮虫，春天当水温高达15℃以上，在海边高潮区的小水洼、小水塘等小型静水体中，常生活着褶皱臂尾轮虫。用浮游生物网在这些小水体中捞取，把标本置瓶中（内装大半瓶海水）带回室内。镜检，如发现褶皱臂尾轮虫，在解剖镜下，用微吸管把轮虫吸出。为避免吸入其他生物，可先吸于一清洁凹玻片上，经观察后再吸到小三角烧瓶中培养。轮虫个体大，容易分离。分离采集时，应测定轮虫种原生活环境的盐度，新培养海水的盐度应与原生活环境的盐度相似。分离成功后，如需要改变其盐度，必须经过逐渐驯化过程。

（2）休眠卵孵化　分离的轮虫种，可以长期培养保存，也可以用休眠卵的形式保存。如果是以休眠卵的形式保存的，培养前必须先把它孵化。为了避免敌害生物（小型甲壳动物）的危害，休眠卵孵化的容器可用各种玻璃培养缸和小水族箱。容器清洗后加入过滤海水，然后把少量轮虫休眠卵放入海水中孵化。一般休眠卵干品混有大量的藻渣，量太多易引起水质变坏，孵化期间需少量充气或每天搅拌数次。如果条件适宜，一般经过3～7天的时间即可孵化。因为在孵化容器中存在着大量死藻渣，水质不好，孵化后轮虫应吸移到别的培养容器中培养。

（3）轮虫的大面积培养

① 培养池　大面积培养轮虫，可利用室外水泥池或土池。培养池的容量大小按实际需要而定，水泥池有10米^2、20米^2、40米^{2}或更大的，土池以0.3～0.5亩比较适宜。培养池水深1米左右。土池的围堤应坚固，不渗漏。最理想的是能引入淡水，可以调节水的比重。

② 清池　用水泥池培养轮虫，培养前需把池子洗刷并用过滤海水冲洗干净，暴晒1～2天，灌入经筛绢过滤的海水。用土池培养轮虫，培养前需要清池，目的是杀死池中轮虫的敌害生物。常用的是药物清池的方法。较理想的清池药物是鱼藤精，用量为每立方米水体2克。其优点是成本低，能杀死轮虫的敌害，且对轮虫的饵料生物——浮游藻类无影响，而轮虫又对这些药物反映不明显，对培养轮虫无不良影响。清池后，把海水灌入池中，灌入的海水要经筛绢过滤。

③ 施肥繁殖饵料生物　清池后，灌水达到要求的深度，就可

以施肥培养轮虫的饵料生物——浮游藻类。如果培养用水经过沙滤，必须接入藻种。经筛绢网滤过的培养用水，微小的浮游藻类能通过筛绢存留于池水中，可直接施肥培养。主要施氮、磷肥，施肥可按每立方米水体施硝酸铵 50 克、磷酸二氢钾 5 克和柠檬酸铁铵 0.5 克。也可施用其他肥料。第一次施肥后，每隔 5～7 天追肥一次，追肥量与施肥时间，依池水中浮游藻类含量的具体情况而定。

④ 接种　池中饵料藻类达到一定数量后，即可接种轮虫入池培养。接种密度一般 50～1000 个/升。如果在培养池中保存有轮虫冬卵，则不需要接种。

⑤ 培养管理

a. 维持池中浮游藻类的数量在适宜的范围内　在轮虫大量繁殖后，投饵量增加，消耗大量的浮游藻类。因此，必须追加肥料，继续繁殖浮游藻类，使池中浮游藻类维持一定的数量。但应该注意施肥量不能过多，施肥量过多会影响轮虫繁殖，甚至造成大量死亡。

b. 控制水位及维持正常比重　在培养过程中，注意维持水位，保持正常的水深。在炎热的夏天，太阳暴晒，水分蒸发量大，造成水位下降，池水盐度增大，对轮虫生长繁殖不利，必须进行调节。最理想的就是把淡水引入培养池，如果不能引入淡水也可以灌入新鲜海水调节。

c. 注意水质变化的情况　在培养管理中，应注意水质变化情况，特别是天气闷热、温度高的情况下常易引起缺氧。在水质可能恶化时，应及时加入较大量的新鲜海水抢救。

d. 生长情况的检查　经常检查轮虫的生长、繁殖情况，发现问题及时处理。

⑥ 轮虫的捕捞　轮虫培养到一定密度以后，即可捕捞作为饵料使用。捕捞的方法有两种：一是用 XX14-18 号筛绢制成小型浮游生物网，在池中捕捞；另一种是利用褶皱臂尾轮虫趋光的特点，利用光诱，使轮虫大量集聚在光强处，轮虫集中的地方水色呈褐红，可用水桶直接舀取。为了保护育苗饵料的持续供应，应采取连

续培养，合理捕捞的方法，一次捕捞量不要过多。在捕捞后，应加强管理。

三、淡水轮虫的培养

1. 蟹苗池淡水轮虫的培养

培养适合投喂大眼幼体和幼蟹的淡水轮虫。

在幼蟹培育池中培养轮虫，效果很好。在累经轮虫养殖的池底淤泥都贮藏着一定数量的轮虫冬卵，分布在0.5～50厘米厚的淤泥中。在水温18～25℃、池水pH7.5～10的范围内，浅水、溶解氧高、水质肥的条件下，轮虫可大量发生。培养方法：事先抽干池水，整理修补池埂，让池底在阳光下晒几日，在放蟹苗前15～20天用生石灰消毒，池内留水10厘米左右，每平方米用生石灰150～230克，以清除敌害和提高底泥温度，清塘后5～7天，可用人、畜粪作基肥，每平方米0.5～1千克全池泼洒，并注水至30～40厘米，以后每隔1～2天施一次人、畜粪，每平方米50克左右。可使轮虫在蟹苗下塘时出现高峰期，即生物量达20～30毫克/升，或每升5000～10000个。测定的方法可用量筒、烧杯等以肉眼观测数量。当培育池轮虫（包括枝角类）出现高峰时，必须掌握“火候”适时投放蟹苗。并根据蟹苗的摄食情况，适当补充新水，使轮虫的高峰期维持在1周左右。随着轮虫被大眼幼体摄食，数量逐渐减少，需适当补充一定数量的蛋黄、蛋羹、鱼糜等饵料，并保持培养池水溶解氧充足。当大眼幼体变态为Ⅰ期幼蟹后，逐渐由浮游生活变为底栖生活，开始打洞穴居，能用大螯捕获食物。此时已不再摄食轮虫和枝角类等浮游动物。如果培育池仍有大量轮虫，势必造成池水缺氧，影响幼蟹正常呼吸和生长。在大部分变为Ⅰ期幼蟹后，要加大换水量，将轮虫处理掉，保持水质清新。

2. 专池培养淡水轮虫

培养适合投喂大眼幼体和幼蟹的淡水轮虫。

专池培育轮虫地点在幼蟹培育池边角最好，肥水时间可提前半个月，施肥量可加大1～2倍，培育密度可大10倍以上，其他方法同上。待蟹苗入池后，可用密眼抄网抄捕投放到幼蟹培育池供蟹苗摄食。

四、盐水丰年虫（卤虫）的培养

1. 卤虫（即盐水丰年虫）的生物学特性

适合投喂溞状幼体、大眼幼体和幼蟹。

（1）卤虫的培养意义

卤虫，又称盐水丰年虫，还有人称盐虫子或丰年虾。卤虫是许多海水或淡水经济动物幼体或成体的重要活饵料之一。特别是卤虫的无节幼体，即卤虫休眠卵刚孵出的幼体，在1～2天内含有大量的卵黄，营养丰富，是蟹鱼虾类幼体的优良饵料。卤虫不仅产量高、来源丰富，而且具有生长快、生活周期短、适应力强、容易培养等特点。它的休眠卵能长时间保存，需要时可随时孵化，获得幼体。近几年来，在人工配合饲料中添加卤虫卵粉饲喂蟹、鱼、虾幼体又获得了较理想的结果，因此，卤虫历来都受到国内外水产养殖工作者的重视。

（2）卤虫的生物学特征

① 卤虫的形态特征及卵的结构　卤虫属于节肢动物门、甲壳纲、鳃阻亚纲、无甲目、盐水丰年虫科。卤虫成体身体细长，全长1.2～1.5厘米，明显的分为头、胸、腹三部分，不具头胸甲。一般呈灰白色，生活在高盐水域中的个体稍小，呈橘红色。卤虫休眠卵的外观、表层是咖啡色硬壳，它的主要成分是脂蛋白和正铁血红素。

② 繁殖

a. 产卵习性　卤虫为雌雄异体，但在春、夏季行孤雌生殖，平常所见者为雌体。雄性较少见到。从6月下旬到11月下旬都为卤虫的繁殖期。在春、夏季雌体产生卵（非需精卵），成熟后不需要受精便可孵化为无节幼体，发育成雌虫。秋季环境条件改变时，则行有性生殖，此时雄体出现，雌雄交尾产生休眠卵（又称冬卵）。秋、冬季节，温度下降、盐度降低、溶解氧降低达2毫克/升等环境因子的变化，均可导致卤虫产生休眠卵。休眠卵具有较厚的外壳，圆形，灰褐色，直径 200～280 毫米。因产地、季节、繁殖方式不同，大小差异较大。漂浮于水面或悬浮于水中，能在水底淤泥中度过严寒，能在干燥或其他恶劣环境下生存，故可长期保存。卤虫雌体具有抱卵习性。雌虫产生的夏卵，可在卵囊内发育并孵化为无节幼体后离开母体。每次怀卵量 70～110 个，但在室内培养的条件下，其怀卵量少，每次 30～40 个。每个雌体一生约产卵 3 次。

b. 生长发育　卤虫卵孵化出幼体以后，幼体经几次蜕皮变态，才能发育成为成体。一般经过无节幼体和后期无节幼体两个阶段。

③ 生态习性

a. 盐度　卤虫喜欢生活在各种含氯化物、碳酸盐和硫酸盐的盐湖、沿海盐场水池以及其他高盐水域中。能够生存的盐度范围很广，是广盐性生物。幼体的适应盐度范围在 20～100 之间，成体的适应盐度范围在 10～120 之间。卤虫是典型的超盐水生物，也是动物界中唯一的能生活在高盐度水中的种类。

b. 温度　卤虫成体的适应温度范围在 15～35℃之间，最适温度为 25～30℃。当温度低于 15℃时，发育缓慢。

c. 饵料　卤虫以微细藻类及原生动物为饵，饵料大小以 10 微米以下较为合适。卤虫是典型的滤食性动物，但有时也以刮食方式取食。硅藻类的角毛藻、骨条藻等是卤虫的优良饵料，其他单细胞藻类、海洋酵母等都可作为卤虫的饵料。

d. 运动　卤虫和其他无甲目动物一样，运动时，背部向下，腹部向上，靠摆动胸部附肢进行游泳。孵化后的无节幼体具有很强的趋光性。

2. 卤虫休眠卵的采收和孵化

（1）休眠卵的采收和保存　在冬季或雨季，当环境条件发生剧烈变化时，卤虫进行有性生殖，在海边和盐田的盐卤池中可以找到大量的休眠卵。在我国北方最好 9 月份采收，这时的休眠卵质量最好，杂质少，便于干燥保存。采收工具为筛绢（孔径 180 微米）或细白布制成的小抄网。采收时应注意风向，在下风头采收。将堆积岸边或飘浮水边的卤虫休眠卵收集入袋。也可挖坑或筑浮栅，使卵集中在局部水体中再采收。采收回来后，应及时把与休眠卵混杂在一起的卤虫成体及其他杂物除去，然后用海水反复冲洗，把附在卵粒表面上的污物洗去。将冲洗好的休眠卵放在吸水纸或粗布上，暴露在空气中干燥。干燥后用孔径 0.25～0.30 毫米的筛绢过筛，装袋。如果有冰冻条件，可将休眠卵先用海水浸透，然后置于－25～－15℃的冰冻条件下，经 10～30 天冷冻，再取出晾干，即可包装出售或应用。经冷冻后的休眠卵孵化率较高。卤虫的休眠卵可保存数年之久。

贮存的主要方法为：① 卵在饱和食盐水中脱水后贮存于饱和食盐水中；②在空气中干燥后贮存于真空或充氮的容器中；③ 冰冻贮存于－20～－5℃的低温条件下。

（2）卤虫休眠卵的孵化

① 孵化容器　较理想的孵化容器是用透光材料做成的圆筒状孵化器，底部呈漏斗形，从底部连续适量通气，使卵上下翻滚，保持悬浮状态而不致堆积，从而提高孵化率。当然，也可以用普通的玻璃钢桶（或槽）、水泥池等。但使用底部平的长方形或圆形容器，即使充气，卵也会在底部沉积，造成水环境恶化，影响孵化效果。

② 影响孵化率的几项重要因子　孵化密度与溶解氧每 1 克卤虫卵约有 20 万粒。孵化密度与溶解氧条件关系很大。孵化时要求最低溶解氧浓度为 3 毫克/升，而当溶解氧降至 0.6～0.8 毫克/升，孵化完全受到抑制。通常情况下，可参照以下数据决定孵化密度：平底孵化器不充气——每升水体 0.1 克；平底孵化器充气——每升水体 0.2～1 克；透明锥底筒形孵化器充气——每升水体 2～10 克。

a. 温度　卤虫休眠卵在 15～40℃之间都能孵化，但最适孵化温度为 25～35℃，如果孵化温度低，则孵化的时间就会延长，而且孵化率也比较低。

b. 盐度　卵在盐度为 5～100 的水体中均能孵化，但不同品系的卵各有其域值。如中国天津品系为 100。在控制好 pH 的条件下，盐度稍低有利于卵的孵化。30～35 是生产中常用的孵化盐度范围。

c. 光照　光能触发休眠卵重新开始发育。当休眠卵在海水中浸泡后，短时间的光照即能触发休眠卵的孵化，提高孵化率。一般情况下在弱光照（1000勒克斯）下孵化，可获得好的孵化效果。

③ 过氧化氢　过氧化氢能够激活卤虫的休眠卵，提高其孵化率。通过多次实验证明，在孵化器中施用0.1～0.3毫升/升过氧化氢效果最好。无节幼体的孵化率可通过这种方法从30%～50%提高到70%～80%。

④ 冷冻　为了提高和稳定孵化率，当年采收的卤虫休眠卵，在用作孵化之前，必须经过一次潮湿冷冻的处理，其孵化率才有显著提高。

除此之外，卤虫休眠卵的孵化率还与卵的产地、季节、加工方法、保存状态和保存时间有密切关系。如条件适宜，休眠卵会在1～2天孵化成无节幼体。

（3）卤虫卵孵化后的分离　卤虫孵卵化后，无节幼体与卵壳及不孵化的坏卵混在一起，被河蟹、鱼虾等幼体吞食后，会对河蟹、鱼虾等产生非常有害的影响，有时引起肠梗阻，甚至死亡。而且还会污染水质，危害养殖对象。应把无节幼体和卵壳、坏卵分离开来。其方法是利用光诱及重力作用。常用的方法有光诱法、淡水分离法、维生素油剂分离法等方法。

（4）卤虫卵去壳　卤虫休眠卵有三层外壳，两层为硬质的卵壳膜，一层为透明的胚胎角质膜。卵壳膜的主要成分是脂蛋白和正铁血红素。这些物质可以被一定浓度的氯酸盐溶液氧化除去。去掉卵壳膜的休眠卵只剩下一层薄薄的软脂角膜，这层膜可以被动物消化吸收。处理后的卵其活力不受影响。去壳休眠卵可正常孵化。由于壳已去掉，因而在投喂去壳卵孵化幼体时，只需把不孵化的坏卵分离出去，无须把幼体和卵膜分离。如时间紧，去壳休眠卵可以不经孵化而直接投喂，省去了孵化过程。

目前，较为普遍的去壳过程如下。

① 溶液配制　休眠卵的去壳加工，首先要配制去壳溶液。去

壳原料大多用次氯酸钠，也可用液态次氯酸钠和粉状次氯酸钙（漂白粉）。次氯酸钙的每克有效氯可氧化2～2.5克卵壳，去壳溶液的总体积为每克卵13毫升。另外，卤虫卵的去壳过程是一种氧化反应。氧化效率取决于HClO离解成ClO^-程度，而HClO离解为ClO^-的程度又与pH有关。pH稳定在10以上，HClO离解为ClO^-的比例最大，因而氧化效果也最好。为此，需要在去壳溶液中加入适量的氢氧化钠，以达到稳定pH的目的。在用次氯酸钠作去壳原料时，每克卵可以加入40%氢氧化钠溶液0.3毫升（或每克卵加入0.13克氢氧化钠）。在用次氯酸钙作去壳原料时，每克卵加入碳酸钠1克（或每克卵加入0.3克氧化钙代替）。

② 去壳过程

a. 卵的水处理　称取一定量的卵，放入盛有海水或淡水的容器中（容器底部最好呈漏斗形），通气搅拌，使卵保持悬浮状态。1小时使卵胀成圆形，再把卵放在孔径150～200微米的筛网上冲洗并滤出。

b. 卵的去壳　把滤出的卵放入已配好的去壳溶液中并搅拌。卵的颜色开始由咖啡色变成白色，最后变成橘红色，此过程需6～15分钟即可完成（超过15分钟会影响卵的孵化率）。在去壳过程中，为了防止溶液的温度升至40℃影响卵的孵化率，必要时可采用淡水或冰块冷却降温。

c. 卵去壳后的清洗和去氯　去壳完成后，溶液中有大量余氯存在，在卵的表面也吸附着少量余氯，需要除去。其方法是将去壳的卵放在筛网上，用淡水或海水冲洗，一直冲至无氯味。然后，把经过冲洗的卵放入盛有海水或淡水的容器中（每克卵用水5～10毫升），加入1%～2%的硫代硫酸钠或1%～2%的亚硫酸钠去氯。也可用0.1摩尔/升的盐酸溶液去氯。去氯情况可用0.1摩尔/升浓度的碘化钾溶液（16.6克碘化钾溶于1升蒸馏水中）和淀粉溶液检查。方法是取出少量已经去氯的卵，加入0.1摩尔/升浓度的碘化钾溶液和淀粉溶液，以是否出现蓝色表示氯是否去除干净。

d. 去壳卵的贮存　去氯后的去壳卵，可以孵化后投喂，也可以直接投喂，也可以贮存备用。贮存的方法是把卵放在低于－4℃的冰箱内保存。或者把去壳卵放入饱和盐水中（每升水加300克加工食盐），通气2小时，把卵滤出，转放入盛有新鲜饱和盐水的容器中，置室温下贮存备用。考虑到紫外线能杀死胚胎，所以贮存容器最好置于避光处。

3. 卤虫（盐水丰年虫）的小型培养

（1）培养容器和装置　一般小型培养容器有各种玻璃培养缸、水族箱、广口水缸、小水泥池等。国外还有些专门设计的培养装置，如连续培养装置、自动饲养装置等。

（2）培养用水　需用密筛绢或沙滤池过滤的海水作为培养用水。

（3）培养密度　一般培养每升水体可投放无节幼体500～1000个。在28℃下高密度培养，每升水体培养无节幼体密度为1700～2500个。

（4）充气　大量培养卤虫幼体和成体，其比较理想的充气是进行微弱地间歇充气。强烈和连续的充气对幼体是很有害的。若无充气设备，每天搅拌数次，以增加培养海水的含氧量。

（5）投饵　卤虫在培养过程中必须投喂饵料。无节幼体的消化管在孵化后12～24小时发育完成。因此，孵化后当天或第二天就必须投喂饵料，卤虫的饵料有下列几种。

① 单胞藻类。硅藻类的角毛藻和骨条藻等是卤虫最好的饵料。绿藻类的衣藻、扁藻、盐藻等都是卤虫的好饵料。投饵量以投饵后培养海水略具淡的藻色即成，每天投喂2次。

② 鲜酵母、干酵母粉、酵母片、单胞藻干燥粉、绿叶粉经研磨，加水搅拌，静置沉淀0.5～1小时，取上清液投喂，每天2次。每次用量为每升水体3～5毫克。

③ 大豆粉与面粉混合、虾粉与面粉混合，用大豆粉与面粉或虾粉与面粉按干燥物1∶1混合投喂，每升水体每次投喂量为0.02克，每天投喂2次。

（6）换水　在培养卤虫过程中，容器底部沉积饵料残渣及卤虫的排泄物，易使水质变坏，氧气缺乏。因此，通过换水保持水质是很必要的。一般可以3～5天换水一次，每次换水1/3～1/2。换水时用筛绢包在漏斗上，以防卤虫漏失，并把漏斗在容器底部来回移动，尽可能将底部赃物吸出。

（7）生长情况的检查　经常检查卤虫的生长情况，观察水色、幼体活动等情况，发现问题及时解决。

4. 卤虫（盐水丰年虫）的大面积培养

（1）培养池　大面积培养卤虫，可用水泥池，也可用土池。培养池深度约1米，其大小和数量可根据实际需要而定。水泥池的面积一般20～50米^2，土池的面积以0.1～0.5亩为宜。土池还要围堤坚固、不渗漏，并设法防止池岸边雨水流入池中，以免降低盐度。

（2）清池　用水泥池培养轮虫，培养前须把池子洗刷并用过滤海水冲洗干净，暴晒1～2天，灌入经筛绢过滤的海水。用土池培养轮虫，培养前需要清池，目的是杀死池中卤虫的敌害生物。常用的药物清池的方法。较理想的清池药物是鱼藤精，用量为每立方米水体2克。其优点是成本低，能杀死卤虫的敌害，且对卤虫的饵料生物——浮游藻类无影响，而卤虫又对这些药物反映不明显，对培养卤虫无不良影响。清池后，把海水灌入池中，灌入的海水要经筛绢过滤。

（3）施肥繁殖卤虫的饵料生物　清池后，灌水达到要求的深度，就可以施肥培养卤虫的饵料生物——浮游藻类。如果培养用水经过沙滤，必须接入藻种。经筛绢网滤过的培养用水，微小的浮游藻类能通过筛绢存留于池水中，可直接施肥培养。主要施氮、磷肥，施肥可按每立方米水体施硝酸铵50克、磷酸二氢钾5克和柠檬酸铁铵0.5克。也可施用其他肥料。第一次施肥后，每隔5～7天追肥一次，追肥量与施肥时间，依池水中浮游藻类含量的具体情况而定。

（4）放养密度　大面积培养卤虫，如单独依靠施肥繁殖饵料生物供应饵料的，放养密度不能过大，每立方米水体可放养无节幼体

10000～30000个，也可以直接把休眠卵投入培养池中孵化，投放量为每立方米水体1～2克。如果在施肥培养饵料的基础上再补充投饵或完全依靠人工投饵，并进行充气培养，放养密度可以大大提高，每立方米水体可放养无节幼体50000～100000个，甚至更多。

（5）投饵　除在池中施肥培养饵料生物供给卤虫摄食外，还可以补充投饵，或者完全依靠投喂人工饵料。饵料的种类及其投喂量有下列几种。

①单胞藻类。硅藻类的角毛藻和骨条藻等是卤虫最好的饵料。绿藻类的衣藻、扁藻、盐藻等都是卤虫的好饵料。投饵量以投饵后培养海水略具淡的藻色即成，每天投喂2次。

②鲜酵母、干酵母粉、酵母片、单胞藻干燥粉、绿叶粉经研磨，加水搅拌，静置沉淀0.5～1小时，取上清液投喂，每天2次。每次用量为每升水体3～5毫克。

③大豆粉与面粉混合、虾粉与面粉混合，用大豆粉与面粉或虾粉与面粉按干燥物1∶1混合投喂，每升水体每次投喂量为0.02克，每天投喂2次。

（6）培养管理　合理施肥，维持培养池中浮游藻类的数量在适宜范围内。注意水质的变化，防止水质变坏。经常检查卤虫的生长繁殖情况，发现不正常现象，应分析原因，采取措施，及时解决。

（7）收获　卤虫约经过半个月的培养长成成体并繁殖后代，当培养池中卤虫达到一定密度后，即可收获。收获成体卤虫，可用塑料丝网布、纱布、粗网目的筛网、筛绢制成的抄网在池中直接捞取。收获卤虫的无节幼体，可利用光诱使无节幼体集中，再用XX10～12号纱绢制成的抄网捞取。为了保持饵料持续供应，应采取连续培养，合理计划收获的方法。一次捕捞量不要过多，并加强培养管理，保持池中有足够数量的卤虫。如果人为创造适于卤虫生长繁殖的生态条件，在受控盐池中培养卤虫，每天每公顷可收鲜卤虫40千克。如果气候适宜，每天每公顷可收获干卤虫卵0.6千克。

5. 卤虫的引种培养和集约化培养

引种培养是把别处卤虫接种到没有天然卤虫生长地区适宜的水

体中，让卤虫形成自然种群，并在这种水域永久生存下去。

集约化培养有以下两种方式。

（1）环道批次培养　整个培养过程中不换水，轻微充气，用气举泵提升海水，使水在池内循环，通过滤网清除粪便等废物，保持水质平衡。所用的饵料有米糠、乳清、螺旋藻干粉和酵母等。将50～100克饵料浸泡在1升的饱和盐水中，目的是防止饵料变质。用自动投饵装置控制培养水的透明度在20～25厘米的范围内。定期测定溶解氧含量和pH，如果溶解氧含量低于2毫克/升、pH低于7.5时，应增加通气量，并添加碳酸氢钠。接种密度为每升1万个无节幼体，在25～30℃温度下培养2周，卤虫平均体长可达到8毫米左右，平均产量为5千克（湿重）/米^3，消耗米糠4千克。

（2）流水培养　一种通过海水连续更新来消除卤虫粪便、残饵等废物，进行高密度培养的高产技术。接种密度为每升2万个无节幼体，在水温25℃条件下经培养2周，产量为25千克（湿重）/米^3，耗用米糠18千克，培养用水量150米^3。另一个在人工上升流水系统中的实验，接种密度为每升1.8万个无节幼体，2周内最大收获量为25千克（湿重）/米^3，共耗用含有密度为4.5×10^5个细胞/毫升的旋链角刺藻的海水4000米^3。

6. 卤虫培养过程中的病害和敌害

天然水体中的卤虫可被体内共生原核生物、螺旋体、真菌、扁虫等感染，但对卤虫的危害形成与程度还缺乏研究。捕食卤虫的生物有：蜻蜓目（幼体）、水生半翅目和鞘翅目等昆虫；耐高盐的梭鱼、遮目鱼等鱼类；小嘴海鸥、反嘴鹬等鸟类。与卤虫竞争饵料的生物，主要是卤蝇幼虫、轮虫、纤毛虫和桡足类等广盐性种类。

五、丝蚯蚓的培养

适合投喂河蟹的各个阶段。

1. 生活习性

丝蚯蚓又名水蚯蚓，属环节动物门、寡毛纲、近孔寡毛目、颤蚓科、水蚯蚓属。河蟹的各个阶段都可利用它。丝蚯蚓体长35～

55 毫米、宽 0.5～1.0 毫米，体色褐红，后部黄绿色。丝蚯蚓再生能力强，把它切断后，能分化成组织，补充所缺部分。丝蚯蚓生活在污水中，喜欢偏酸性、富有机质、水流缓慢或受潮汐影响的淡水水域。丝蚯蚓与陆生蚯蚓一样，也是雌雄同体异体受精，一年四季都可引种繁殖，温度高繁殖快，温度低繁殖慢，一年中以 7～9 月份、水温在 28℃以上繁殖最快，产茧最多，孵化率最高。水蚯蚓生殖常有群集现象。蚓茧孵化期在 22～32℃时一般为 10～15 天，一般引种后 15～20 天即有大量幼蚯蚓密布土表，幼蚓出膜后常将头从茧的柄端伸出。刚孵化出的幼蚓体长 6 毫米左右，像淡红色的丝线。当见水蚯蚓环节明显呈白色时即达性成熟。人工培育的水蚯蚓的寿命约 80 天，体长 50～60 毫米。

2. 采捕

（1）分布　丝蚯蚓广泛分布于淡水水域，在污水沟、排污口及码头附近，数量特别多，每平方米可达 0.45 千克。

（2）捕捞方法　首先选择适宜捕捞的场所，一般要求底土平坦，少砖、石，流速缓慢，水深 10～80 厘米（可随潮水涨落移动捕捞地点）的地方捕捞。作业时，人站在水中用抄网慢慢捞取表层浮土，待网袋里的浮土捞到一定数量时，提起网袋，一手牢握柄基部，一手抓住网袋末端，在水中来回拉动，洗净袋内淤泥，然后将丝蚯蚓倒出。

3. 人工培育

（1）建池　选择水源良好的地方建池，池宽 1 米、长 5 米、深 20 厘米，池底敷三合土，池两端设一排水口、一进水口。

（2）制备培养基　培养基的好坏取决于污泥的质量。选择有机腐殖质碎屑丰富的泥作培养基原料。培养基的厚度以 10 厘米为宜，基底每平方米加 2 千克甘蔗渣，然后注水浸泡，每平方米施入 6 千克牛粪或猪粪作基底肥。下种前每平方米再施入米糠、麦麸、面粉各三分之一的发酵混合饲料 150 克。

（3）密度　每平方米放养 250～500 克。

（4）管理　培养池的水保持 3～5 厘米为好。若水过深空气稀薄，不利于微生物的活动，投喂的饲料和肥料不易分解转化。过浅时，尤其在夏季光照强时，影响水蚯蚓的摄食和生长。水蚯蚓常喜集于泥表层 3～5 厘米处，有时尾鳃微露于培养基表面，受惊时尾鳃立即缩入泥中。水中缺氧时尾鳃伸出很宽，在水中不断荡漾。严重缺氧时，水蚯蚓离开培养基聚集成团浮于水面或死亡。因此，培育池水应保持细水长流，缓慢流动，防止水源受污染，保持水质清新和丰富的溶解氧。水蚯蚓适宜在 pH5.6～9 的范围内生长。因培育池常施肥投饵，pH 时而偏高时而偏低。水的流动，对调节 pH 有利。进出水口应设置牢固。

六、蚯蚓的培养

适合投喂幼蟹、成蟹。

1. 生活习性

喜温、喜湿、喜暗、喜空气。怕光、怕震。蚯蚓是变温动物，活动的温度范围是 5～30℃，0～5℃休眠，32℃以上停止生长，40℃以上死亡，最佳温度为 15～25℃。蚯蚓体内含水量 80%左右，要求饵料含水量 60%～80%（用手握指缝滴水为宜）。蚯蚓喜暗怕光，昼伏夜出，在安静的地方生活。

2. 养殖品种和方法

（1）养殖品种　人工养殖优良品种为日本大平二号。特点是繁殖率高，年增殖 200 倍以上，有定居性，耐高密度养殖，耐热抗寒适于一年四季生产鲜蚓，蚓粪产量高。

（2）养殖方法　养殖方法很多，最经济且实用的为露天堆肥养殖法。可在一切空闲地，把饵料堆成宽 1.5 米、高 15～25 厘米，长度不限，放入种蚓，上面盖好稻草，遮光保湿。一年可生产 8～10 个月，每平方米可产蚯蚓 5～8 千克。

（3）饵料的加工调制　根据有关蚯蚓养殖资料介绍，都强调饵料一定要完全发酵腐熟才能投喂。但据多年实践，采用腐熟饲料作基料，用新鲜牛粪、猪粪直接饲喂效果非常好。其优点是省工、省时，省去了堆制发酵一系列工作，饵料养分不受损失，加快了蚯蚓生长速度，易于推广应用。关键是基础料要彻底发酵，湿度60%～80%，不可过干过湿。

（4）饲养管理

① 饵料的投喂　及时喂给蚯蚓充足的饵料，是保证蚯蚓快速生长的重要措施。将饵料采用堆块上投法，厚度5～10厘米，不要将床面盖满，不求平整，以方便分离蚯蚓。

② 温度、湿度的控制　温度最佳在15～25℃，冬季加厚饵料到40～50厘米，饵料上盖杂草，再加塑料布，保温、保湿。养殖床春秋季节，一般3～5天浇1次水。冬季基本不浇水，夏季要防大雨冲刷。小面积养殖时，下雨时用塑料布盖一下即可。

③ 蚯蚓的采收　最经济、最简便的方法是在水泥地面上或者在塑料布上，利用蚯蚓怕光的特点，用阳光或强灯光直接照，将混有蚯蚓的饵料逐层扒开，直到堆底能发现蚯蚓成团。

第六节　河蟹的营养需求

河蟹的营养需求与营养生理的研究在近年才陆续开展。在这只简单地讲述蛋白质、脂肪及脂肪酸和矿物质。

一、蛋白质

蛋白质是河蟹等一切生物的基础物质，就河蟹对蛋白质需求量，国内学者均根据蟹体组织蛋白质的组成作为设计研究的主要依据。徐新章（1988）用20～40微米的胶囊饲料养溞状幼体表明，饲料蛋白质的适宜量为45%；1992年对个体0.1～10克重的蟹种的蛋白质需求进行了研究，认为蟹种蛋白质适宜含量为41.7%。韩小莲（1991）研究大眼幼体至仔蟹期粗蛋白质含量为5%时效果较好。陈立侨（1992）研究蟹种的蛋白质适宜需求量为35%～40%。并指出：河蟹的体重低于55克时，蛋白质消化率随体重增加而上升，18～30℃范围内，蛋白质消化率随水温上升而增大，34℃时，蛋白质消化率下降。刘学军（1990）报道，河蟹成体养殖中，前期粗蛋白含量应为41%，中后期为36%。中国科学院植物研究所的研究人员（1988）通过2年生产性试验指出，河蟹在蛋白质含量为39.78%时生长发育最好。综合以上观点，河蟹对饲料蛋白质的需求在35%～46%之间，幼体期对饲料蛋白质的需求量较生长发育的中后期要高，前者为40%～46%，后者为35%～40%。

河蟹对蛋白质的需求实质上是对氨基酸的需求，蛋白质由20多种氨基酸组成，河蟹的必需氨基酸种类，目前认为与对虾相似，有苏氨基酸等10种。陈立侨（1994）报道，蟹种的必需氨基酸含量（%）为赖氨酸1.897、异亮氨酸1.290、亮氨酸2.110、缬氨酸1.404、精氨酸2.400、组氨酸0.630、苏氨酸1.145、蛋氨酸0.680、苯丙氨酸1.860。

二、脂肪及脂肪酸

脂肪可为河蟹提供能量和必需脂肪酸，还是脂溶性维生素的溶解介质。张丙群、刘学军等（1990）研究认为，河蟹饲料粗脂肪的适宜含量为5.2%，有人研究为8.7%，也有人认为饲料中粗脂肪含量为6.8%时蟹种成活率最高。张丙群（1993）与李淡秋（1992）对天然河蟹蟹肉与蟹黄的脂肪酸中的不饱和脂肪酸组成进行测定，得知1龄和2龄河蟹的不饱和脂肪酸占70%～80%，其中多烯脂肪酸又占较高比例，高达21%～28%。二十碳五烯酸和二十二碳六烯酸的含量很多。幼蟹时的饱和脂肪酸含量高于成蟹而单烯脂肪酸的含量又显然低于成蟹，幼蟹的二十二碳四烯酸比成蟹含量高出两倍多。陈立侨指出，河蟹对脂肪的消化率随饲料含脂量下降而变小。

三、矿物质

矿物质是河蟹营养的重要组成成分，其中钙和磷对于河蟹蜕壳生长、营养物质代谢、生命活动、生长发育极为重要。蟹与鱼虾一样都是通过鳃吸收水中的钙、磷物质。陈立侨（1994）报道，在水体和配合饲料中的钙、磷含量，当水中钙硬度调至50毫克/升，饲料中的钙为0.15%，钙、磷比例为1∶1.9时，河蟹能获得最大生长率和较高蛋白质利用率。徐新章（1992）研究蟹种对矿物质的需要为12.6%。总之，对于河蟹的营养需求和营养生理研究才刚刚开始，其中有些方面研究较多一些，很多方面有待进一步研究。

第五章 成蟹养殖

成蟹养殖是指2龄蟹的养殖，即蟹苗经暂养（幼蟹培育）和1龄蟹种的培育至翌年的惊蛰后便进入2龄蟹的培育，直至河蟹捕捞上市。本阶段河蟹的生长发育有如下特点。

（1）个体增重迅速，绝对生长量大。河蟹通过1龄饲养，经9个月左右，体重增加8000～10000倍，但这时体重也不过50克左右，绝对增重约50克。而成蟹饲养阶段，历时7个月左右，体重虽仅增加了3～6倍，达150～300克（个别的可达400～500克），但绝对增重却达100～250克，甚至更高。

（2）蜕壳次数减少，一般春、夏、秋各1次。

（3）成蟹取食量大，对饵料质量要求较高。

（4）性腺逐渐发育成熟。

第一节　蟹池建设与设计

一、蟹池地点选择

1. 水质、水源

要求水质清新，溶解氧丰富，未被污染，水源要充沛。

2. 水位

要求建池地点水位较稳定。

3. 土质

建池的土质以保水、保肥、通气性良好、有机质容易分解，有利于水草、底栖昆虫、螺、蚌、水蚯蚓等繁殖为好。一般以壤土最好，黏土次之，砂土最差。池底淤泥不超过5厘米厚。

4. 地形

选择地形时要考虑：不占农田，实用面积较大；蟹池设计施工容易；生产管理方便；节省工程投资。

5. 饵料来源

要求饵料来源丰富、运输方便。

6. 其他

如交通、电力等有保证。

二、蟹池结构

1. 池形

蟹池以东西长、南北狭为好。呈长方形，四角要呈弧形。小池长宽比为3∶2或5∶3，大池长宽比为（2～4）∶1。

2. 池大小

一般0.1～2亩，大的养蟹场以5～10亩为宜。

3. 池水深

蟹池一般水深0.8～1.0米；向阳的一面要求有浅水区，水深10～30厘米，供河蟹蜕壳用。浅水区呈阶梯形，阶梯宽20～40厘米。

4. 蟹穴和蟹岛的设置

设置蟹穴（蟹窝）和蟹岛的目的主要是避免河蟹互相残杀。采用的方法主要有以下几种。

（1）采用直径为9～10厘米的复水毛竹，截成1米长的竹段，打通竹节，然后每7～9根竹段捆成一捆，捆扎得要紧，每捆扎绳延伸向上，方便取用。设置时按一定间距，均匀布放于水底，并以小竹桩固定，标记其位置。一般每亩水面放置38～40捆。据试验，采用这种方式设置蟹窝，有如下优点：①便于检查、观察（白天提取蟹窝，倾倒出潜伏在其中的河蟹，即能观察其生长发育状况）；②减少捕捞损伤，提高回捕率（捕捞方便，白天提出蟹窝即可；2小时回捕率达60%左右）。

（2）在池塘内用竹箔和网片分割水体。

（3）在池塘种植芦苇、茭白等挺水植物；也可用水花生等水生植物编排成蟹窝设置于池中。

（4）在池底、池坡用瓦片、碎砖、石块、竹筒、树根等材料砌成镂空状蟹穴。但用这种方式，在捕捞河蟹时，会损伤蟹体。

（5）在池中修建圆形、椭圆形、“卅”字形、“卄”形、“十”字形、方形、条形等小岛，岛上可种植牧草作河蟹饵料。这种方式的缺点是占用了养殖池的养殖面积。

第二节 河蟹的养前管理

一、蟹池建设及清理

1. 地点选择

要求选水源充沛、水质清新无污染、水体溶解氧在5毫克/升以上、病虫敌害较少、便于排灌、环境安静、背风向阳、地质较硬、通电通路的地方建池。

2. 蟹池建造

（1）中间挖深水区，四周作浅水区，边上筑堤的蟹池　每池5～20亩或再大一些，挖池内土在周围筑埂。要求埂顶宽1米以上，坡比1∶3以上，中间深水区面积占2/3左右，池深1.5～2米，能保持水深0.8～1.5米，四周浅水区面积占1/3左右，能保持水深10～40厘米。

（2）四周挖沟筑堤，中间开沟做蟹道的蟹池　蟹池每池10亩或更大些，边沟宽4～6米、深0.8～1.2米。中沟宽1～2米、深0.4～0.6米，沟内深水区面积占1/3，沟上浅水区面积占2/3，以利于水草的生长和河蟹的活动、吃食及均匀栖息分布。

不论哪种形式，都要设高灌低排水系统，在蟹池的两端分设进水闸和排水闸，在进水口要设置0.8厘米网目的网片，防止水草等较大的杂物进入水道；还要设置40目密眼滤水网袋，起到增加滤水面积、阻止野杂鱼等敌害的卵和苗随水流进蟹池。在排水口也要设网笼，防蟹顺水逃出。另外，还要选购价廉适用的材料作防逃设施，如砖、钙塑板、石棉板、玻璃钢和塑料薄膜等。

3. 蟹池的清理

清塘的目的是消除各种杂食性鱼类和有害生物。可根据池塘的实际情况按以下方法清理。

(1) 如果土壤不是碱性的池塘可以用生石灰消毒，每亩用生石灰 75～80 千克融化后全池泼洒，消毒时水位保持在 10～20 厘米深，泼洒后保持 2 天后再进行检查，情况良好时可以加水并进行浮游生物的培养。

(2) 检查时如果还有野杂鱼或泥鳅，可用鱼藤精乳剂，浓度为 2 毫克/升全池泼洒。

(3) 对于以前的老化池塘或上一年暴发过蟹病的池塘，5 天后应再施以 2 毫克/升漂白粉杀菌。

(4) 如是老池，还要先彻底清除淤泥和杂草。

蟹池建设和清塘消毒要求在放养蟹种前 15 天完成。

二、蟹池水草移栽

1. 移栽目的

这些水草不仅起到遮阳作用，而且可以为蟹种提供嫩根作为饵料，更重要的是利用凤眼莲对重金属和有毒物质的吸收作用达到净水的目的。另外，也为河蟹蜕壳、栖息提供一个隐蔽安全的场所。

2. 具体方法

在养蟹池四周的浅水区和池中央种植沉水植物，主要有苦草、轮叶黑藻、马来眼子菜、苹类等水草，通常每平方米种植 4 棵，必须将水草的根插入淤泥中，栽后灌水 10 厘米深，使其扎根发棵。水面上要放置凤眼莲等水生植物，使水草覆盖池水面积的 1/4～1/3。这些水草不仅起到遮阳作用，而且可以为蟹种提供嫩根作为饵料，更重要的是利用凤眼莲对重金属和有毒物质的吸收作用达到净水的目的。在池埂边放些水花生、水葫芦等水生植物，为河蟹蜕壳，栖息提供一个隐蔽安全的场所。水草成活后向池中注水 50～

70 厘米，注水一定要经 40 目的筛绢过滤。

清池一周后栽种水草。

三、浮游生物培养

1. 培养目的

为蟹种提供营养丰富、新鲜适口的生物饵料，而且不会破坏蟹池水体，使水体长期处于肥、活、爽的状态，易于保持和稳定养殖水体良好的生态环境。

2. 具体方法

水体浮游生物培养，放入新水使池水达到 0.8～1 米深，基肥可用鸡粪、猪粪、绿肥等，以发酵鸡粪最好，特点是不容易坏水，而且对轮虫和单细胞藻类的培养效果良好。每平方米水面用基肥 250 克，肥水后观察效果，如果没有特殊情况，放入蟹种前应该有较多浮游生物出现。通过以上措施，应使池中溶解氧达到 5 毫克/升以上，pH 值 7.0～8.0，底层水氨氮小于 0.2 毫克/升，透明度 30～50 厘米为宜。

消毒 5 天后要进行水体浮游生物培养。

四、蟹种的投放

1. 购进蟹种处理

如是外地购进的蟹种应在水中浸泡 2～3 分钟，取出 10 分钟后，再放入水中浸泡 2～3 分钟，再取出平放，如此重复 2～3 次再准备入池。如是加冰运来的蟹种，拿出箱后，洒一点清洁淡水，放在池旁 15～30 分钟后，再准备放入池内。

2. 蟹种试水

在蟹种入池之前，还应进行试水工作，用小纱绢网箱装 30 只蟹种放在池水的下风处 24 小时，如果蟹种没有不适或死亡，说明池水安全可以放蟹入池。

3. 放养工具消毒

放蟹种前应对工具进行清洗和消毒，常用 30～40 毫克/升漂白粉剂量或0.05%～0.1%高锰酸钾水浸泡20分钟，清水洗刷2遍后使用。

五、蟹种的投放密度

放养密度因蟹种个体大小，水体条件，饲养管理水平而异。蟹种规格在80～120只/千克，要求出池规格达到每只125克的，每亩可放蟹种800～1000只。蟹种规格在120～300只/千克，要求出池规格达到每只100～125克的，每亩可放蟹种1000～1200只。蟹种规格在300～500只/千克，要求出池规格达到每只125克以上的，每亩可放蟹种1200～1500只。如果放当年幼蟹，应适当稀放早放。初养且本地养殖条件不佳的，则应少放一些，而且应晚放，放大的蟹种。

六、蟹种的投放时间

在长江中、下游地区，根据河蟹养殖方式的不同，其放养时间也大致分为以下两种。

(1) 对于计划当年育种当年养成成品蟹的用户，如果是在温棚内养殖，最早可在2月份开始放养蟹种，棚内温度保持在15℃以上，如果是在室外养殖，放养蟹种的时间应从4月份开始，即水温达15℃以上时放养（河蟹在水温15℃时开始摄食），一直可放养到6月份，但宜早放为好，这样可以提高大规格成品蟹的收获量。

(2) 另外，对于计划第一年育种第二年养成成品蟹的用户，其蟹种争取在当年入冬前11月份或12月份放养，这样育成的扣蟹种起捕容易，在新环境下适应时间长，翌年可很快地恢复生长。

第三节　河蟹的生长管理

一、水草的作用

(1) 夏季炎热时，水草可遮阴。

（2）水草可净化水质。

（3）水草本身可作为河蟹的饵料；同时还可招引一些原生动物、昆虫、小鱼、小虾等前来栖息，为河蟹提供天然动物性饵抖。

（4）方便和保护河蟹蜕壳。

（5）可防止一些蟹病的发生。

二、河蟹饵料投喂

1. 投饵时间

河蟹投饵一般每天 2 次，上午八九时投一次，傍晚七八时再投喂一次。饵料投喂以傍晚为主，投喂量应占全天的 60%～70%。

2. 投饵内容

河蟹的饵料投喂是因生长阶段的不同而有所不同。在 1 龄蟹种至成蟹养殖阶段，投喂的饵料以蟹类人工配合饲料为主。没有专用饲料的地方，可以自己配制饵料，例如，投喂普通鲤夏花饲料，配以 1/5～1/3 的蚯蚓、碎肉、小杂鱼粉、酒糟、螺类和贝类碎肉、牲畜下脚料等。另外，还要把饵料加工成一定规格大小（如畜禽下脚料切成蚕豆粒大小块、山芋刨成丝、麦芽等）再喂，成蟹阶段的饵料一般不加工，但黄豆、玉米要煮熟再喂。蟹种刚放进池时，要以动物性饵料为主、植物性饵料为辅。河蟹生长中期应以投喂植物性饵料为主，搭配动物性饵料，后期应多投喂动物性饵料，做到“两头精，中间青”。

3. 投饵量

河蟹的饵料系数一般在 5 以上，究竟投饵多少，应视季节、水温、蟹的不同生长阶段来定。总的分配原则是：上半年投饵占总量的 30%～35%；7～11 月份占总量的 65%～70%。蟹种至成蟹的日投喂量为在池蟹总重的 8%～10%。成蟹喂养按蟹体重的 5%左右投喂，动物下脚料按占颗粒饲料的 10%左右投喂。另外，还要视天气、水温、水质等状况，以及河蟹吃食情况，灵活掌握，及时合理地进行调整。

4. 投饵方法

“四定四看”，即定时、定点、定质、定量投喂；看季节、看天气、看水质、看河蟹的吃食情况确定饵料投喂量。主要在岸边和浅水处多点均匀投喂。用塑料编织袋片或密眼网片制成的罾形食台较好。

三、河蟹养殖水体操作规程

1. 温度

调控水温以改善生态环境。池水温度不能波动太大。要随时检测水体温度，加以调节控制。

(1) 放蟹池水温度要和原池水温度尽量相同，相差不能超过3℃。

(2) 饵料生物培养池水温可在20～30℃。

2. 溶解氧

侧重于保持蟹苗池的高溶解氧含量。高密度单养水体增氧。单养高产池塘，养殖要求在7月、8月、9月三个月使用增氧机。

(1) 池塘养殖要求在5毫克/升以上。

(2) 越冬期间水体溶解氧不能低于3毫克/升。

3. 酸碱度

要求在偏碱性水体中繁殖与养殖。要求用生石灰等适量调节。成蟹养殖池水体指标：淡水pH 6.5～8.5，海水pH 7.9～8.5。

4. 氨氮

降低氨氮值。河蟹养殖水体底层水氨氮小于0.2毫克/升。侧重控制底层水的氨氮值；育苗池要每天排污。

(1) 成蟹养殖池平时注意换水降低氨氮。

(2) 蟹苗池每天要在早晨排污1次。

5. 水体透明度

调节水体肥度从而调节透明度，参照下述池塘肥水操作项进行。操作要求对池塘每周检测1次。如透明度变浅水太肥，可泼洒生石灰或换一部分水解决；如透明度太深浮游生物太少，可适当施用有机肥或无机肥。侧重6月、7月、8月蟹生长盛期的养殖池水。

（1）池塘透明度以30～50厘米为宜。

（2）亲蟹池的水体透明度在40～50厘米。

6. 池塘肥水

池塘在使用前15天要按常规方法进行消毒与肥水，培养轮虫等动物性饵料。

（1）池塘放苗初期，施以鸡粪、猪粪等有机肥肥水。追肥用无机肥，氮肥和磷肥之比为（8～10）∶1。

（2）追肥用氮肥4毫克/升、磷肥0.5毫克/升。每5天左右一次。网箱水体一般不宜采取肥水措施。

7. 水生植物设置

在成蟹养殖池和网箱养殖池，造就足够的水生植物生态环境区，以供河蟹隐蔽和栖息，有利于幼蟹附着和对浮游生物的捕食。也可以作为少量辅助食物。

（1）亲蟹暂养池、成蟹养殖池按水面的1/3放置凤眼莲。

（2）网箱养殖时放置凤眼莲或水花生之类植物，所占面积占网箱水面积的1/4～1/3。

（3）每周取出多余的陈旧部分。

四、换水管理

1. 水质要求

池水应该经常保持清、爽、活的状态，透明度在40厘米以上，否则应换水。

2. 水深要求

5～7月一般深水处以1～1.2米深、浅水处以0.4～0.7米深为宜。

8～10月池水平均深以1.3～1.5米为好，深水处可以1.6～1.8米、浅水处可以0.9～1.5米为好。

11月份一般深水处以1～1.2米深、浅水处以0.4～0.7米深为宜。

冬天，水深应保持在1.2米左右。

3. 换水情况

春、秋两季一般为7～10天换水1次，换水量为1/3。

夏季一般每3～5天换水1次，换水量不超过1/2。

4. 换水时注意的事项

（1）换水时，池内外水温差不宜超过5℃。一般说来，早春及初夏，换入的水，水温最好高于池中水温；盛夏，要换入低于池中水温的水；冬天不可换入水温较高的水，以免影响休眠。

（2）一次换水量不能超过1/2。

（3）要控制进水速度，一般以2～3个小时换完水为宜。

五、消毒补钙管理

1. 消毒补钙的意义

可以杀灭病菌和驱除敌害，补充河蟹生长所需的钙质营养。

2. 消毒补钙的方法与用量

在河蟹养殖期内，每月每亩用生石灰10～15千克泡成乳液泼洒蟹池一次。

六、日常管理

1. 主要方法

日常管理的主要方法就是经常巡塘，做到每天至少1～2次巡塘。

2. 日常管理的五查五定

（1）查有无剩余饵料，定当天投饵品种和数量。

（2）查水质水体是否正常，定换水时间和换水量；看水体是否缺氧，是否能见度降低等，河蟹受惊后不下水或下水后立即爬上来；傍晚或清晨河蟹大量集在池边岸上，说明水中缺氧，必须立即换水或增氧。

（3）查防逃设施是否正常，定维修加固措施。

（4）查有无敌害，定防范办法。

（5）查有无病蟹和死蟹，定防治挽救措施；还要看河蟹的活动状态是否正常。

第四节 河蟹的蜕壳管理

一、河蟹的蜕壳与生长

1. 蜕壳次数

河蟹蜕壳是脱去坚硬的外骨骼，使身体的体积和重量得以增加。蜕壳既是身体外部形态的变化（主要指幼体），也是内部错综复杂的生理活动，既是一次节律性生长，又是一场生理上的大变动。究竟河蟹一生蜕壳多少次，目前尚无统一说法，有人认为17次，也有人认为19次，还有人说是28～32次。究竟有多少次，目前有两点已统一：一是河蟹溞状幼体经过5期蜕皮蜕变为大眼幼体，大眼幼体经一次蜕皮蜕变为1期幼蟹；二是河蟹在性腺发育到一定程度进入生殖前的生殖蜕壳，即一生中最后一次蜕壳。

2. 蜕壳过程

河蟹的蜕壳是指其发育到仔蟹阶段后蜕掉旧壳，而仔蟹之前的溞状幼体和大眼幼体阶段称之为蜕皮，这是根据幼体阶段的壳不坚硬而产生的习惯说法。从蜕壳前的准备阶段开始，经过蜕壳，直到准备下次蜕壳的过程为一个周期。

河蟹蜕壳所需时间随个体大小而有所不同，个体越小蜕壳越快。通常一次顺利蜕壳需15～30分钟，有时甚至3～5分钟就可蜕去旧壳。如果蜕壳过程发生故障，蜕壳时间就会延长，甚至因蜕壳不遂而死亡。蜕壳并不限于在水中进行。

幼体的蜕皮，起初是体液浓度的增加，接着是组织与皮壳的分离。蜕壳时，幼体的头胸部及附肢先蜕出皮壳，继而腹部蜕出来。刚蜕皮的幼体，由于身体柔软，组织大量吸收水分，体形显著增大，活动能力很弱，经一昼夜之久，才能运动。

仔蟹、蟹种和成蟹蜕壳时往往离开原来的栖息隐藏场所，选择比较安静而可以隐藏的地方进行。通常潜伏在盛长水草的浅水里，不久在头胸甲与腹部交界处产生裂缝，并在口部两侧的侧线处也出现裂缝。蜕壳时，头胸甲逐渐向上耸起，裂缝越来越大。束缚在旧壳里的新体逐渐显露于壳外。由于腹部向后退缩，两侧肢体不断摆动，并向中间收缩，使末对步足先获自由，继而腹部退出，唯有螯足因关节粗细悬殊而蜕出难度较大，故最后蜕出。河蟹在蜕去旧壳的同时，它的内部器官如胃、鳃、后肠及三角膜等也都一一蜕去几丁质的旧皮，甚至胃内的三块齿板和梳状骨也要更新。其中鳃的蜕皮是伴随胸足的蜕壳而一起进行的。鳃的旧皮蜕出后，新体的头胸甲再封闭鳃腔。此外，蟹体上的刚毛均随旧壳一起蜕去，新毛由新体长出，与旧毛无关。蜕壳后，皱褶在旧壳里的新体舒张开来，体形随之增大。新蟹颜色黛黑，身体柔软，螯足绒毛粉红，人们习惯称之为“软壳蟹”。因此，河蟹在蜕壳的过程中和刚蜕壳不久，尚无御敌能力，是生命中的危险时刻。

国外有人将蟹类蜕壳周期分为A、B、C、D四个阶段。A阶段是蜕壳后，蟹不进食，这个阶段时间较短，约占整个过程的2%；B阶段为新壳钙化变硬期，也不摄食，时间约占整个蜕壳过程的8%；C阶段外壳已经变硬，但早期仍在钙化中，这个阶段蟹恢复进食，其时间约占整个蜕壳过程的71%；D阶段是为下次蜕壳做准备的时间，出现钙的重新吸收，并分泌外层新壳。D阶段后期进食中断，开始大量摄取水分，其时间为整个过程的10%。

3. 变态

蜕壳后使身体外形或部分形态发生变化称之为变态。

（1）幼体变态与成体变态　河蟹的变态主要集中在幼体期间，刚孵化出的幼体称之为溞状幼体，这是因为这个阶段的幼体完全没有蟹的外形而像水蚤故得名。溞状幼体随着发育阶段的不同而分为五期。五期溞状幼体蜕皮后，外形又发生了变化，尤其是1对复眼较大且露出体外，故名大眼幼体。大眼幼体蜕皮一次变态为像略似蟹形状的小蟹，称为第一期仔蟹。在此之后的生长阶段也存在着变态，只是不像幼体阶段那样显著。例如，仔蟹阶段通过不断蜕壳才逐渐变态为真正的蟹的体形。还有蟹种阶段，雌、雄腹脐要经过不断蜕壳才发育变态为成熟形状。河蟹个体生长到100克左右甚至更大，要进行生命中最后一次蜕壳（生殖蜕壳），经过这次蜕壳后，腹脐才发展成成熟的形状，雌蟹的腹脐才变态发育为真正的“团脐”，雄蟹的腹脐为“尖脐”。

（2）变态蜕壳、生长蜕壳、生殖蜕壳　河蟹一生大约要经过变态蜕壳（皮）、生长蜕壳和生殖蜕壳三个阶段。变态蜕壳发生在溞状幼体和大眼幼体阶段，此阶段每蜕一次壳身体外形发生一次变化。生长蜕壳是指第一期仔蟹至整个生长发育阶段的蜕壳。生殖蜕壳是指2龄河蟹完成生命中的最后一次蜕壳，即蜕壳后进入成熟阶段，也称成熟蜕壳，有人称其为青春期蜕壳。

4. 增长量

河蟹每蜕壳一次后体积和体重就得到增加，即蜕壳与生长有着密切的关系。河蟹蜕壳一次，头胸甲长可增加1/6～1/4，幼小的个体甚至可增加1/2，但老熟的、活力不大的或缺乏营养的个体生长就慢，蜕壳后只增加5%～10%。头胸甲增长，体重必然随之增加。

河蟹平均体重与体长的关系为：平均体重（克）＝0.6×头胸甲长（厘米）。

二、影响蟹壳变硬的因素

1. 温度

无论是室内水体还是室外水体，温度对壳变硬都有影响。在1000毫升水的条件下，温度升高2.5℃，壳变硬时间缩短10.2小时。在池塘水体条件下，温度升高2.4℃，壳变硬时间也缩短3.5小时。也就是说，在适温范围内，温度升高，壳变硬速度加快。

2. 光照

无论是强光照还是弱光照，每组实验壳变硬时间相同，同为21小时和34小时，表明光照强弱对软壳蟹变硬没有影响或影响很小；如果弱光时间长则影响到蟹对钙质的吸收。

3. 水质

蒸馏水中蟹壳能达到二级硬度，但不能完全变硬（三级硬度）。1000 毫升小水体比起大水体，蟹壳变硬速度明显慢一些，壳变硬需要时间，1000 毫升小水体是池塘大水体的 2.5 倍。外河大水体与池塘大水体差异不大，表明河蟹蜕壳后至变硬之间的时间内，其本身能够提供一部分有助于壳变硬的物质，但是量不够，还需要从生活的水体环境中吸收一部分。

4. 水中泥土

在水中增加泥土与不增加泥土，壳变硬所需时间明显不同，加入泥土的只需要 30 小时，而不加泥土的则需要近 50 小时，即加泥土的水中蟹壳变硬时间要缩短 40%。泥土中有助于壳变硬的营养物质是通过溶解在水中而后再被吸收。因蟹胃内无泥土，排除了消化到吸收的可能，而泥土颗粒也不能为体表直接吸收，况且达到二级硬度的时间均为 8 小时，加入泥土后，壳变硬速度加快是在水变浑浊以后。

5. 水量

在 250 毫升河水的条件下，蟹壳历时半小时还不能变硬；在 500 毫升河水条件下，蟹壳虽能变硬，但所需时间是 1000 毫升的 3 倍多。4000 毫升河水条件与隔 12 小时进行换水，所需时间差异不大，与池塘蟹壳变硬所需时间相同。即在河蟹蜕壳后，壳变硬时不需要吸收很多物质，仅 4000 毫升水体中的无机盐就能满足一只 10 克左右河蟹的蜕壳变硬需要。在养蟹中应据此采取措施保护软壳蟹度过困难时期。

6. 蜕壳前体内物质的积累

在蜕去旧壳前后，河蟹摄入水分，使柔软的新皮膨胀增大，这种身体的增大被不严格地称为“生长”。准确地说，这个只是一种膨胀，真正的生长是增加新的组织，一般是在蜕壳前进行物质积累。在养殖中应根据蜕壳后物质的积累而增加投喂量。

7. 蜕壳的高峰期与适温范围

池塘养蟹的整个养殖期存在着 2 次蜕壳与生长高峰，一般第一次在放养后 1 个月，蜕壳持续 25 天左右，即 4 月下旬至 5 月中旬，此间各地的河蟹蜕壳率与个体大小有关，即放养规格越大，蜕壳率越高，但个体的生长速度却相反。实验证明，河蟹每次蜕壳不是同步的，而是从个别到相对集中，再逐渐减少。每个过程需 15 天左右，以后周而复始，直至 10 月上旬的 150 天左右，均为河蟹蜕壳生长的时期。河蟹蜕壳下限温度多为 15℃，上限温度为 30℃，最适温度为 18～25℃。

三、蜕壳素在河蟹养殖中的应用

河蟹与其他甲壳类动物一样，体内的蜕壳激素是由胆固醇转化而来的。令人吃惊的是河蟹等水生甲壳动物转化胆固醇的能力很差，这一点与其他甲壳动物（某些昆虫）大小相同。所需要的固醇物质需从外界食粮中摄取，以满足其生长的特殊需要。

因此，在养蟹生产中，除保持正常的各种营养要素外，必须在饲料中保持一定含量的固醇物质，以满足蜕壳生长的特殊需要。目前添加的固醇物质主要是胆固醇，一般为饲料中的 0.1%～0.15% 即可起到促生长作用。近年来，国内已有多家厂家生产虾蟹的蜕壳促长素（主要是胆固醇），经布点试用观察，总体反映较好。但最根本的是加强饲养管理，改善蜕壳环境，促进河蟹顺利蜕壳。

四、河蟹的安全蜕壳管理

1. 河蟹是否要蜕壳的判断

（1）检查河蟹体色。蜕壳前河蟹体色深，呈黄褐色或黑褐色，步足硬，腹甲水锈（黄褐色）多。而蜕壳后，河蟹体色变淡，腹甲白色，无水锈，步足软。

（2）看河蟹规格大小（以放养相同规格的蟹种为前提）。蜕壳后壳长比蜕壳前增大 20%，而体重比蜕壳前增长了近一倍。在生长检查时，捕出的群体中，如发现了体大、体色淡的河蟹，则表明河蟹已开始蜕壳了。

（3）看池塘蜕壳区和浅滩处是否有蜕壳后的空蟹壳，如发现有空壳，即表明河蟹已开始蜕壳了。

（4）检查河蟹吃食情况。河蟹在蜕壳前不吃食。如发现这几天投饵后，饵料的剩余量大大增加，如未检查出蟹苗，则表明河蟹即将蜕壳。

2. 蜕壳期间应注意的问题

（1）每次蜕壳来临前，不仅要投含有蜕壳素的配合饲料，力求同步蜕壳，而且必须增加动物性饵料的数量，使动物性饵料比例占投饵总量的1/2以上。保持饵料的充足，以避免其蚕食软壳蟹。

（2）发现个别河蟹已蜕壳，每亩可用生石灰7.5～12.5千克，加水化浆后，全池泼洒。

（3）蜕壳期间，需保持水位稳定，一般不需换水。

（4）投饵区和蜕壳区必须严格分化，严禁在蜕壳区投放饵料，蜕壳区如水生植物少，应增投水生植物，并保持安静。

（5）清晨巡塘时，发现软壳蟹，可捡起放入水桶中暂养1～2小时，待河蟹吸水涨足，能自由爬动后，再放回原池。

（6）蜕壳期间要注意防病、治病。

第五节　河蟹的防逃设施

一、竹箔与盖网结合

在堤边插高1米的竹箔，将池包围起来。竹箔下端贴上尼龙薄膜或在竹箔上端装上盖网，盖网与竹箔呈45°倾斜。

二、石壁或水泥板壁防逃墙

在塘梗上加建60～100厘米高的石壁或水泥板壁，并在壁顶加盖“厂”字形压口，压口宽25～30厘米，可有效地防止河蟹逃跑，池壁交界处（也就是四角）应呈圆弧状，切忌呈直角或锐角，以防河蟹攀爬。压口的材料可选择玻璃、白铁皮或水泥制板等，以白铁皮为佳。

三、尼龙薄膜或聚酯塑料板防逃墙

尼龙薄膜或聚酯塑料板防逃墙，要求尼龙薄膜高出地面60～80厘米，考虑牢固，可将薄膜埋入泥中20～25厘米，其上端用竹片或细竹作内衬，将薄膜裹缚其上，然后每隔半米用木棍或粗竹片作桩，将整个尼龙薄膜拉直，支撑固定，形成一道尼龙薄膜防逃墙。

四、钙塑板防逃墙

选用抗氧化能力较强的钙塑板，沿稻田四周围设，用木桩或竹桩支撑。通常将钙塑板埋入田埂以下10～20厘米，高出田埂40～50厘米。钙塑板之间的接缝处要紧密。在稻田的四角处要做成椭圆形状。这种防逃材料来源广泛，建造工艺简单。缺点是材料易老化，容易被大风暴雨冲倒。因此要注意经常检查维修。

五、玻璃钢防逃墙

选用玻璃钢板作防逃材料，按照设计尺寸制作，沿田埂周围设置。这种防逃材料的防逃性能较好，坚固耐用。但要注意检查维修。

六、加高池墙

可用砖或其他物品加高墙体使高出埂面60厘米以上，而埂面以下则深50～100厘米，埂面上下都用水泥浆砌或三合土夯实。

第六节 成蟹捕捞与运输

一、捕捞时间

成蟹捕捞不能过早，也不能过晚，过早性腺发育不充分，不肥不好吃；过晚特别是入冬池水封冻蟹打洞难捕，而且死亡多。因此，要适时捕捞。捕捞时间，辽蟹在9月份、瓯蟹在11月中旬至12月下旬、长江蟹一般在10月下旬至11月中旬。

二、捕捞方法

1. 放水捕蟹

在出水口装上蟹网，通过放水使蟹进入网内捕之。

2. 徒手捕蟹

利用河蟹晚上爬上岸觅食的习性，用电筒照捕。

3. 干塘捕蟹

先将池塘的水抽干后，再进行捕捉。

三、运输方法

运输距离短可用网袋、木桶装运。运输数量多或运输距离长，则用柳条或竹篾编制的筐、篓及箱装运。运前将蟹洗净，用50厘米×40厘米×30厘米的蟹箱，箱底铺以水草或浸湿的蒲包，将蟹逐只分层平放，每箱可放10～20千克。上部放少量水草压紧，用铅丝钳紧箱盖，防止河蟹在箱内爬动而折断附肢。装运前要洗净装运工具，装运时注意轻拿轻放，防止挤压，运输途中用湿草包盖在箱的上方和两侧迎风面，避免风吹、日晒、雨淋。途中洒以少量清洁淡水，使箱内的商品蟹保持湿润。发现箱内有死蟹要捡出。

四、注意事项

捕蟹应注意不要漏捕，要在封冻前捕完，捕后不能及时卖出的要立即暂养。商品蟹运到销售地后，应打开包装立即销售，如无法及时销售，就要把蟹散放于水泥地或加冰的大桶或3～5℃的冷藏室内，并淋水保持潮湿。切忌将大批河蟹集中静养于有水容器内，以免因密度过大，水中缺氧而窒息死亡。

第七节 成蟹暂养管理

一、室内暂养管理

1. 暂养特点

室内暂养实际上是一种干法储藏。

2. 环境建设

要选通风、保温性能较好、四壁光滑、水泥铺地、清洁整齐、安静的房屋暂养室。

3. 暂养管理

把挑选好的蟹放入室内，并放些新鲜清洁的水花生，每天用新鲜水喷淋2～3次，保持室内和蟹体潮湿，同时投喂少量的小鱼虾和蟹用颗粒饵料让其觅食。这样暂养河蟹的时间不能太长，一般3～5天，成活率可达90%以上。

二、池塘暂养管理

1. 暂养特点

池塘暂养是把捕捞的河蟹放在符合要求的池塘里暂养一段时间再捕出上市。经过暂养的河蟹软脚变成硬脚，可以增肥、增重、增价，便于批量供应市场，从而提高经济效益。

2. 环境建设

要选水源充沛、水质良好、底质坚硬、环境安静、通电通路的地方建池。每池3～5亩，长方形，东西向较好。蟹池要留2/3～3/4的面积作深水区，其余作浅水区。深水区深1.5～2米，保水深度1～1.5米，浅水区保水深度0.3～0.4米，并栽植水草。围栏设施材料要价廉适用，如铝皮、钙塑板等。

3. 暂养管理

(1) 暂养时间和消毒　要求在9月底前建好暂养池，放蟹前10～15天每亩用60～75千克生石灰溶化后全池泼洒，以杀灭有害生物。对池中的淤泥、池周的杂草也要加以清除。

(2) 规格与质量　暂养河蟹的规格应在50克/只以上，要求肢体健全、活跃、无病。入池时要把软、硬脚蟹分开，把雌、雄蟹分开。大小按100克/只以下、100～150克/只、150～200克/只、200克/只以上分开。如池少面大，可用网片拦隔好再放河蟹。

(3) 投饵　主要喂小鱼、虾、碎螺肉、碎蚌肉、家禽下脚料以及煮熟的玉米、小麦、黄豆等精料，并要喂一些山芋丝、南瓜丝、苦草、苦荬菜、青菜等青料。精料日投喂量为池塘蟹重的10%左右。每天上午、下午向塘内的食台各投一次，保证河蟹吃饱吃好。

(4) 水质管理　在蟹池里投些鳙、鲢，如发现鱼浮头，说明池水缺氧，水质变坏，应及时换水。同时，还可每亩用15千克生石灰（水深1米）化水后每隔5～7天全池泼洒一次。平均一周换掉池里1/3左右的水。

(5) 防敌害、病害　注意观察和看管，发现敌害、病害应及时采取相应的防治措施。

4. 捕捉上市

零星销售的，可捕上岸回不去的蟹或撒网捕少量的蟹，还可用网箱在池内暂养部分蟹待销；批量销售的，则宜在河蟹价高畅销时放干池水全部捕起。

三、水泥池暂养管理

1. 环境建设

在养蟹水域近旁，建造水泥池，面积200～600米^2，四壁用砖砌水泥抹平，底为硬质泥，深度1.2～1.5米，并建好进排水系统。

2. 暂养管理

暂养前20天，每平方米用120克生石灰加水溶解成浆液全池泼洒，清池消毒，待毒性消失后再暂养河蟹。每平方米可放蟹0.6～0.75千克，如果暂养时间短，可适当多放一些，暂养时间长可少放一些。有条件的地方可将雌雄、大小、软硬脚蟹分开暂养。河蟹暂养期间，要先投喂它们喜爱吃的饵料，有条件的地方最好投喂河蟹育肥全价颗粒饲料，使其尽快肥壮增重。短期暂养则不必投饵。由于池内河蟹密度大，投喂动物性饵料多，水质恶化，所以要重视水质管理。池内要经常保持水位1米左右，当水温在10℃以上时，2～4天换进一次新鲜的河水，每次换1/3。如池水恶化，还应泼洒适量的生石灰浆液。冬季要把池水加深到1.5米以上，如遇结冰还应及时破冰增氧，防止河蟹窒息而死。

3. 捕捉上市

暂养的商品蟹如是分批上市，可在夜晚诱捕上滩的蟹；如整批上市，可排干池水捕捉，同时清池，捡出死蟹，扫除残饵，重新放入新水继续暂养。

四、网箱暂养管理

1. 暂养特点

网箱暂养河蟹，是把捕捞的成蟹放到清新水中的网箱里暂养一段时间再上市。这种暂养方法与池塘暂养相比有如下优点。

(1) 能保持水质清新，保持较好的生态环境。不像池塘暂养那样，要经常换水，捕蟹时还可能把水搅浑，以致造成河蟹因水温变化刺激和浑水猛呛而大量死亡的现象发生。

(2) 能避免霜冻或高温等恶劣气候因子变化的影响，大大降低河蟹特别是大蟹的死亡率。

(3) 便于集中投喂饲料，提高饲料利用率。

(4) 便于分级放养和及时捕捉，便于及时批量上市。

(5) 使河蟹肉质鲜美，无臭泥味。

(6) 便于集中防病治病。

(7) 成本低，一般比池塘暂养成本低一半左右。

网箱暂养河蟹的主要缺点是河蟹的密度大，蜕壳生长受抑制，操作较麻烦，暂养时间不能过长。

2. 环境建设

(1) 网箱的结构、规格与使用。按照养蟹的技术要求，网箱可以有许多类型，使用的材料也多种多样，如楼式、槽式网箱以及竹、木、铁丝制成的网箱等。这里以一种硬塑网片制成的楼式网箱为例。

① 规格为高、宽各0.92米，长1.25米左右，体积为1米^{3}以上。底面用芦席或密眼网布垫隔，箱内安装间距0.2米左右的3～4层竹网片，每层设置一个25厘米见方上下错位的食台。

② 网箱上盖一边留有0.3米宽的门。

③ 网箱制成后，用竹桩、木桩或漂浮物将网箱支撑在水中，箱距1米左右。如气温在10℃以上时，箱体可露出水面0.2米左右，箱顶要覆盖水草等遮阳物；如气温在10℃以下时，则把网箱沉到水面以下0.3～1米的深水里，以防霜冻等恶劣气候的影响。

（2）暂养水面的选择。应选水深面宽、水质清新、无污染、无大浪、交通方便、宁静、便于管理的河沟、湖泊、水库暂养。

3. 暂养管理

（1）暂养时间 一年四季均可暂养，但秋末冬初较佳，也较适合市场的需要。每批暂养时间不宜过长，具体时间应根据河蟹大小、生长条件和市场行情而定。一般来讲，每批暂养时间不宜超过半个月。

（2）暂养成蟹的要求 个体重应在100克以上，体质应强健；大蟹、中蟹、小蟹、软脚蟹、伤残蟹及病蟹应分开单养。一般不应收、放软壳蟹。

（3）暂养密度 密度应根据水温高低、水中溶解氧多少，蟹体大小和暂养时间长短来定。一般来讲，时间短的，每立方米可放15～25千克，时间长的只能放5～10千克。

（4）投饵 每箱或每20千克河蟹放1～2千克饲料，如煮熟的黄豆、小麦、绞碎的螺、蚌、动物内脏和小鱼、小虾等；投喂的精料量不宜超过蟹重的10%。同时，还要喂一些青饲料，如苦草、苦荬菜、辣蓼草等。

（5）保持水质清新 防止水质受农药和饲料污染，杜绝农药废瓶漂近蟹箱。每天应在网箱四周搅动1～2次，促使水体交换。

（6）防治蟹病　注意观察，一般每3～4天抬箱离水检查一次，如发现病蟹、软壳蟹和顶壳蟹，及时取出单放单养。

4. 捕捉上市

捕捉上市的捕捉时间和数量，应根据市场需求而定。方法是抬箱离水捉取，装箱出售。软脚蟹、伤残蟹不能装箱运输。运蟹箱的容积应控制在0.05米^{3}之内，箱高不应超过0.25米。

五、蟹笼暂养管理

1. 暂养特点

此法方便灵活，安全可靠，成活率一般都在95%以上，养蟹单位和经销单位均可采用。

2. 暂养管理

放蟹时，按雌雄、大小、软硬脚蟹分开入笼。入笼数量依笼大小、暂养时间长短而定，一般一只小笼暂养一个月，可放3～5千克蟹，软脚蟹适当少放。放蟹后将笼吊入水深面阔、水质新鲜的水域，封口入水1～1.2米，固定于事先准备好的吊杆或竹木桩上，底部不着泥。定时投喂一定量的小鱼虾和蟹用颗粒料、青菜叶等，促蟹膘肥体重。

第八节　河蟹池塘越冬管理

一、水位

冬季由于干旱，各种水域处于枯水期，水位下降，封冻后，不冻层水位的变动主要取决于渗透流失（流失量依土质而别），加上冰厚度随温度降低而不断增加，因此，水位逐渐下降。为了保持一定的水位，有条件的水域，在越冬期应分期注水2～3次。

二、水温

水体表面封冻后，水温很低再受天气和阳光的影响，通常出现垂直分层现象，深层一般保持在4℃（如果采取循环增氧措施，底层水温则可低至0.2℃）。

三、水中气体

水面结冰后，不冻水层中的气体不能与大气进行交换，因此，封冻期的明水期水中的气体组成有较大区别。在一般情况下，封冻期水中溶解氧、二氧化碳和硫化氢等与鱼类生活有密切关系的几种气体，其数量的比例发生周期性的变化。氧气逐渐减少或增多，二氧化碳和硫化氢等有毒气体逐渐积累（这些有毒气体只有在封冰期才能大量积累起来）。封冰后的pH值逐渐降低，由弱碱性变为中性或弱酸性。这是由于二氧化碳逐渐增加的缘故。各种水体的气体状况是不同的，水较深和淤泥、有机物少的水体，其气体状况较好，河蟹越冬效果好；水较浅且淤泥和有机物多的水体，其气体状况较差，河蟹越冬效果也差。

四、水域底质

越冬水域的底质对水的化学成分有一定的影响，尤其封冰后，底质对水质的影响就更大。主要表现在对水中气体状况和pH两个方面。底质有机物分解消耗氧气，放出二氧化碳。也产生硫化氢，使水中气体组成改变，同时也促进pH降低。淤化程度越大，二氧化碳集聚越多，pH下降较快，河蟹越冬越有危险。只有未淤化的池塘才可作为河蟹越冬池。由此可见，改良越冬池的底质对提高河蟹越冬效果有重要作用。

五、水生生物

我国北部地区冬季寒冷，水生生物种类和数量普遍减少。这时，水中除鱼类和河蟹外，尚有部分水生昆虫；大型微管束植物大部枯死；浮游动物只有桡足类还常见到，其他种类则很少见；浮游植物的喜温种类（如蓝藻）也都死亡，一些适应低温的种类尚存在。越冬池浮游植物的数量通常比夏秋季少，但有的池塘其生物量还相当大。常见的浮游植物有绿藻、金藻、硅藻和隐藻等。这些种类除隐藻外，在冰下的光合作用产氧能力都是较强的。

第六章
河蟹的稻田养殖

稻田养殖河蟹，是利用稻田的生态环境，辅以人为的工程措施，既种植水稻，又养殖河蟹，充分利用自然资源，充分挖掘稻田的生产潜力，达到稻蟹双增收的目的。近年来，各地都在水稻田里进行扣蟹的培育和成蟹的养殖，并取得了显著的经济效益、社会效益和生态效益。

多年的生产实践证明，稻田养殖河蟹是种植业与养殖业有机结合的一种新型而有效的种养模式。它既发扬了湖泊养蟹和池塘养蟹的优点，又克服了这两种养殖方式的不足，显示出其强大的生命力和广阔的应用前景。

（1）河蟹的摄食行为，除去了稻田中的杂草，减少了在水稻栽培过程中的除草工序，减轻了农民的劳动强度。稻田中的杂草，一般都是河蟹喜食的天然饵料，如满江红、金鱼藻、苦草等。而这些杂草的清除又是水稻栽培中较为烦琐费工的生产环节，尽管在20世纪70年代我国的农业部门就从国外引进了化学除草剂来替代人工除草，但任何一种除草剂都会对稻谷和环境带来一定的污染。在稻田中养蟹，不仅可以减免人工除草的劳动，而且还有人工除草无法相比的除草经常性和化学除草剂不可比拟的彻底性，既能省工省钱，又减少了环境污染。

（2）河蟹的摄食行为，还除去了稻田中的害虫，减少水稻栽培过程中除虫灭害的费用，也减轻了农民喷施农药的劳动强度。水稻的主要害虫有稻虱、浮尘子、叶蝉、卷叶虫、稻螟蛉等，这些害虫正好都是河蟹喜食的对象。河蟹还能摄食稻田中的摇蚊幼虫、蜻蜓幼虫、龙虱幼虫、红娘华等。据试验，河蟹还能消灭水稻茎、叶、穗上的害虫。河蟹的这种生物防治作用，既有效地减轻了虫害对水稻的危害和农药对环境的污染，又极大地改善了稻田及农村的生态环境。

（3）河蟹的摄食行为及其爬行运动，对稻田起到了松动泥土的作用，减少了农田中耕的用工量。稻田中的水生生物，一般生活在浅泥中或田泥的表面，如藻类就有底生、半底生和浮游三大类。底生藻类，一般着生于稻田的土表，形成冠状群落的藻层，主要由硅藻、绿藻和蓝绿藻组成；半底生藻类主要为丝状多细胞绿藻，其丝状体飘浮于水中，而其组成部分却附着在稻田土表或伸入田泥中。田螺、水蚯蚓等底栖动物，一般生活在稻田的泥表层。河蟹在摄食这些水生生物时，客观上达到了使稻田泥土松软通气的效果，有利于肥料的分解和土壤的透气，从而促进稻禾分蘖和根系发育，也减少了农民为松土而中耕的劳苦。

（4）河蟹的生命活动，为水稻的生长起到了保肥和施肥的作用，减少了农民种田的开支。河蟹在它的生命活动中，摄食了稻田中的藻类和杂草等水生植物，而这些水生植物的生长都不同程度地消耗了稻田的肥料和养分，这在客观上为水稻的生长起到了保肥的作用；河蟹的排泄物中，含有丰富的氮、磷、钙等微量元素，它们都是水稻生长所必需的优质肥料，这在客观上又为水稻的生长起到了施肥的作用。这一保一增，大大地减少了农民用肥的投入。

河蟹为水稻的生长带来这么多的好处，那么稻田对河蟹的养殖是否有利呢？回答是肯定的。

（1）稻田能为河蟹的生长提供良好的生态环境。稻田一般土质松软、溶解氧充足、水温适宜、营养盐类丰富。松软的土质，给河蟹的生命活动提供了方便，这种土质也为饵料生物的生长提供了有利条件；充足的溶解氧，来源于大气（因为稻田中的水浅，空气中的氧气容易溶解在稻田水体中）、灌溉水以及在稻田水体中进行光合作用的多种水生植物；丰富的营养盐类，是河蟹生长蜕壳必不可少的物质基础，而稻田中的磷、钙、钾等营养盐类比池塘和湖泊中丰富得多。

（2）稻田能为河蟹的生长发育提供丰厚的生物饵料。稻田的水生生物组成与池塘不同，浮游生物无论在种类上还是在数量上都比池塘丰富，而丝状藻类及水生维管束植物也远比池塘中多。由于稻田的浅水环境，水温适宜，光照充足，给水生植物和底栖动物的生长繁殖提供了良好的生活环境。水、土、光、热、气等非生物因子和植物、动物、微生物等都是相互联系、相互依存、相互制约而形成一个功能上统一的整体，为河蟹的生长发育提供了丰厚的动、植物饵料。据分析，稻田中已知的原生动物有23科66种、轮虫有8科36种、桡足类有4科5种、藻类有23科209种、水生植物有41科409种和亚种，还有大量的底栖动物。

总之，稻田养殖河蟹，稻、蟹共生，蟹、稻互利，且具经济效益、生态效益、社会效益于一体，利国利民，值得推广应用。

第一节 河蟹的饵料来源

河蟹为杂食性动物，荤素均食。河蟹的饵料来源包括植物性饵料、动物性饵料和配合饲料三大类。

一、植物性饵料

植物性饵料是河蟹最重要的饵料资源，可分为附着藻类、谷实类、糟粕类和水生植物、陆生植物。

1. 附着藻类

附着藻类主要附生在稻田的泥土表面，如蓝藻、硅藻、绿藻、大型的丝状绿藻（青泥苔）等。附着藻类常与腐殖质碎屑、泥土等一起被河蟹摄食。

2. 谷实类

谷实类含有较丰富的蛋白质，如大豆干物质中蛋白质含量高达90％，且粗蛋白质含量较高，占干物质的38％～48％。必需氨基酸的含量也较多，是营养较高的饵料。稻谷含蛋白质8.3％、脂肪2.2％、粗纤维10.1％，用其饲养蟹的效果较好。

3. 糟粕类

糟粕类包括糖、麸、渣类、糟类以及各种饼粕。米糠、麦麸的蛋白质含量约为12%，而且其无氮浸出物含量高（40%～50%）。豆渣是大豆磨制豆浆时滤剩的渣滓，含有大量的可消化蛋白质，营养价值较高。酒糟中有谷糟、麦糟、高粱糟、玉米糟等。酒糟因所用原料不同，其营养成分也不同，一般干物质中含蛋白质较高。

饼粕类是养蟹的通用饲料。豆饼是河蟹喜爱的饲料，其中可消化蛋白质含量极为丰富（可达40%），含钙0.49%、含磷0.78%，是植物性饵料中营养价值较高的一种。菜籽饼是油菜籽榨油后剩下的饼块，其蛋白质含量较豆饼略低，也是河蟹喜食的饵料之一，若直接投喂，一般采用块状饼为好。花生饼的蛋白质含量与豆饼相近。棉籽饼价格低廉，其价格仅为豆饼的一半，但其营养也较完全。

4. 水生植物

水生植物中，浮萍、马来眼子菜、黄丝草、轮叶黑藻、苦草等，以及菱、茭白、芦苇的嫩叶和根系均为河蟹喜食的饵料。值得一提的是，野菱和家菱对河蟹的生长具有较好的作用。河蟹喜欢沿着菱的主茎往返于水底和水表层活动，并且喜食菱的像须状根样的水下叶以及附着在叶上的藻类及周围的周丛生物。沉于水下的菱，河蟹尤为喜食。

5. 陆生植物

在陆生植物中，苏丹草、黑麦草、豆科植物的茎叶和种子，各种菜叶和瓜果叶，如青菜叶、南瓜叶、空心菜、包心菜叶、甘薯叶、油菜叶、萝卜和马铃薯茎叶等，均可作为河蟹的饵料。

陆生植物与水生植物一样，都含有丰富的蛋白质、维生素、钙和磷、胡萝卜素、维生素B族以及维生素E、维生素C、维生素K的含量也很高。

二、动物性饵料

动物性饵料包括底栖动物和蚕蛹、蚯蚓等。动物性饵料营养完全，蛋白质含量高，且必需氨基酸完全，因而营养价值较高，对河蟹生长具有重要意义。

1. 底栖动物

底栖动物包括螺、蚌、蚬、蠕虫、水生昆虫和水蚯蚓等。

螺、蚌类一般是从稻田以外的天然湖泊、池塘、沟渠等水域捞取，经压碎后直接投喂。经测定，螺蛳的含肉率为22%～25%，蚬的含肉率为13%左右，蚌的含肉率还要高一些。

水生昆虫的幼虫如摇蚊幼虫、蜻蜓幼虫、龙虱幼虫等在稻田中比较丰富，它们都是河蟹极好的饵料。

环节动物中的水蚯蚓、管水蚓、草丝蚓、颤蚓等属的种类，一般体长为8～10毫米，多在稻田中有机肥料堆积处或丝状藻类丛生的泥土中滚缠成球，极易被河蟹摄食。

2. 蚕蛹、蚯蚓

蚕蛹、蚯蚓都是良好的动物性饵料。鲜蚕蛹含蛋白质17.1%、脂肪9.2%，营养价值很高；活鲜蚯蚓含蛋白质40%以上，干蚯蚓含蛋白质70%左右，具有极高的营养价值。它们都是河蟹喜食的饵料。

三、配合饲料

配合饲料，可根据河蟹在不同生长发育阶段对营养的需要，进行人工合理配制它的营养成分，其饲养河蟹的效果较好。为保证配合饲料的质量，在配制时应遵循如下原则。

(1) 应满足河蟹对各类营养物质的需要，特别是对饲料蛋白质的需要。成蟹养殖阶段，其饲料蛋白质需要量为35%左右，养殖前期偏高，后期略低一些。

(2) 饲料种类需多样化，以求饲料中氨基酸的互补和平衡。可因地制宜地选用当地量多、质好、价廉的各种原料，进行调配。调配时，先根据各类饲料蛋白质的含量（表6-1、表6-2、表6-3）乘以需加入饲料的百分比，计算出每一种饲料的蛋白质含量，所有饲料中蛋白质之和就是总的粗蛋白百分比。该比值应达到35%的标准，如有出入，应重新调整。

表 6-1　糠麸类的常量营养成分（按干物质的百分比）

项目名称	水分/%	粗蛋白/%	粗脂肪/%	粗纤维/%	无氮浸出物/%	粗灰分/%
小麦麸	12.80	11.40	4.80	8.80	56.30	5.90
大米糠	13.50	11.80	14.50	7.20	28.02	25.01
大麦麸	13.50	6.70	1.70	23.60	44.51	10.02
大豆饼	13.50	35～54	7.92	6.42	25.01	5.17
豆饼	9.40	43.02	5.42	5.76		钙 0.32、磷 0.50
菜籽饼	10.02	36～40	10.21	11.12	27.90	7.70
花生饼	10.03	36～47	8.00	4.80	25.20	6.50
花生饼	10.10	46.42	6.61	5.80		钙 0.32%、磷 0.53%
糠饼	10.38	13～15.9	5.88	8.22	49.11	9.19
棉籽饼	7.80	33.80	6.02	15.12	33.41	钙 0.31%、磷 0.64%
芝麻饼	8.00	39.20	10.30	7.22		钙 2.24%、磷 1.19%
菜籽饼	7.80	36.40	7.80	10.72		钙 0.73%、磷 0.95%
茶仁饼	9.00	10.50	9.20	18.31		钙 0.36%、磷 0.23%
胡麻饼	8.00	33.12	7.53			钙 0.58%、磷 0.77%
向日葵饼	6.90	17.40	4.12			钙 0.40%、磷 0.94%

表 6-2　几种不同类型水草的营养成分（按干物质的百分比）

名称		发育期	干物质/%	干物质中各营养成分/%				
				粗蛋白	粗脂肪	粗纤维	无氮浸出物	粗灰分
挺水植物	折浆草	拔节	15.26	23.13	3.15	25.29	53.54	12.98
挺水植物	水稗草	孕穗	22.82	7.27	2.15	28.31	55.96	6.31
挺水植物	水甜菜	孕穗	21.30	17.75	2.68	27.04	42.72	9.81
挺水植物	雨久花	开花	6.57	21.61	2.59	18.72	36.07	21.01
挺水植物	慈姑	簇叶	7.36	28.67	4.62	34.27	13.18	19.29
挺水植物	泽泻	簇叶	11.27	19.70	3.37	23.96	39.93	13.04

续表

名称		发育期	干物质/%	干物质中各营养成分/%				
				粗蛋白	粗脂肪	粗纤维	无氮浸出物	粗灰分
浮生植物	浮萍	营养	16.79	16.91	2.38	16.38	37.11	27.22
	紫萍	营养	13.86	19.41	4.47	7.65	46.03	22.44
	品萍	营养	10.58	12.57	7.38	13.42	22.68	43.95
	绿萍	营养	14.62	22.68	5.16	14.50	37.56	21.10
漂浮型植物	菱角	分枝	22.38	18.00	3.44	13.09	50.49	10.28
	荇菜	开花	11.85	26.92	2.11	26.24	29.79	14.93
	两栖蓼	现蕾开花	36.44	22.45	5.60	10.46	50.65	10.84
	眼子菜	结实	11.07	17.89	2.17	21.23	35.68	23.04
	睡莲	开花	12.46	23.56	3.15	16.7	44.64	12.13
沉水型植物	马来眼子菜	现蕾开花	20.67	14.03	0.44	28.01	26.42	31.11
	穿叶眼子菜	现蕾开花	10.03	26.32	1.30	22.13	29.91	20.34
	浅叶眼子菜	分枝	9.44	15.25	1.38	18.54	41.95	22.88
	金鱼藻	开花	16.13	15.38	0.74	21.95	57.41	4.53
	狐尾藻	分枝	3.98	21.61	0.13	25.88	27.39	23.99
	狸藻	开花	11.84	27.38	1.24	19.66	33.16	18.56

表 6-3 几种动物性饲料的营养成分（按干物质的百分比）

饲料名称	饲料干、鲜	水分/%	粗蛋白/%	粗脂肪/%	粗纤维/%	无氮浸出物/%	粗灰分/%
鱼粉(秘鲁)	干	9.80	62.60	5.30		2.70	19.60
鱼粉	干	12.70	36.10	2.30		2.30	46.60
骨肉粉	干	6.50	48.60	11.60	1.10	0.90	31.30
蚕蛹干	干	7.30	56.90	24.90	3.30	4.00	3.60
羽毛粉	干	8.20	83.30	3.70	0.60	1.40	2.80
蚯蚓	干		10.00	0.01		0.40	
田螺肉	鲜	80.40	1.40	3.80		1.50	
血粉	干	9.20	83.80	0.60	1.30	1.80	3.30
啤酒酵母	干	9.30	51.40	0.60	2.00	28.30	8.40

（3）需要增加一定数量的无机盐添加剂（特别是钙和磷等），以提高饲料的利用率，进一步发挥饲料的营养价值。

（4）河蟹是用螯足夹起饲料，随即送到颚足经进一步撕裂后送入口中的。根据河蟹的这一摄食习性，要求配合饲料具有较强的黏合性。因此，河蟹的配合饲料中需添加黏合剂，以减少摄食过程中饲料的散失。

（5）稻田中的天然饵料相对较少，饵料种类也较少，河蟹往往因其血液中容易缺乏蜕壳素而不能蜕壳，造成生长停滞。因此，配合饲料中必须添加蜕壳素。蜕壳素是一种类固醇激素，又称蜕皮激素。河蟹蜕壳必须在蜕壳素的作用下，才能完成蜕壳过程。也可以说，没有蜕壳素的参与，河蟹就不能完成蜕壳的全部过程，也就不能正常生长。大量的科学试验与生产实践证明，河蟹的配合饲料中添加蜕壳素后，其蜕壳的同步率明显上升，而河蟹同步蜕壳就减少了河蟹在蜕壳时期自相残杀的概率，从而大大地提高了养殖河蟹的成活率。

（6）注重人工配合饲料与新鲜天然饵料的互补。因为天然饵料不仅含有河蟹需要的各类营养物质，而且还有多种生物活性物质，而目前的人工配合饲料往往还缺乏这些成分。因此，在使用人工配合饲料喂养河蟹时，还应定期投喂水草、螺蚬、蚕蛹、小鱼、小虾等天然饵料，以满足河蟹的营养需要，部分或全部代替配合饲料中的维生素和无机盐，以促进河蟹正常蜕壳生长，达到提高饵料利用率和降低饲料成本的目的。

由于河蟹人工养殖的历史较短，在其配合饲料的研究方面还处在探索的阶段。下面介绍几种较为成功的试验配方，供河蟹养殖户参考。

配方一：鱼粉21%、豆饼粉16%、菜饼粉15%、玉米粉16%、麸皮18%、甘薯粉10%、植物油3%、无机盐添加剂1%。在饲料总量中添加0.1%的蜕壳素。该配方含粗蛋白30%左右。

配方二：蚕蛹粉20%、大麦粉20%、菜饼粉30%、稻草粉8%、甘薯粉20%、骨粉2%。在饲料总量中添加0.1%的蜕壳素。

该配方含精蛋白27%左右。

配方三：鱼粉20%、发酵血粉15%、豆饼粉22%、棉籽饼17%、小麦麸11%、玉米粉9.8%、骨粉3%、复合维生素0.1%、矿物添加剂2%、蜕壳素0.1%。在饲料总量中添加1.5%的田菁粉作为黏合剂。该配方含粗蛋白37%。

第二节 稻田培育扣蟹

利用稻田培育扣蟹，投资少、效益高，可为成蟹养殖提供优质廉价的苗种，是发展河蟹养殖的一个好途径。

一、稻田的选择和工程要求

培育扣蟹的稻田，一般应选择水源充足、水质良好、田埂坚实不漏水、不受洪水冲击和淹没的稻田，面积以5～10亩为宜。

培育扣蟹稻田的工程设施以回形沟式和田凼式两种养殖工程设施较为理想，因为它们便于饲养管理和捕捞作业。防逃设施是最重要的设施之一，搞好防逃设施建设，是培育扣蟹成败的关键，直接关系到养殖的产量和经济效益。目前，用作防逃设施的材料很多，在选用时必须坚持因地制宜、就地取材。选用的原则是：表面光滑，河蟹难于攀缘；坚固耐用，不怕风吹雨淋，不老化，不变形；没有污染；材料来源方便；造价低廉；建筑工艺简单，维修管理方便。各地常用的有以下几种防逃墙形式。

1. 砖砌防逃墙

选用普通的红砖，沿田埂周围砌墙。为防止河蟹从田埂的水下部分掘洞而逃，砖墙应向田埂土层深处砌30～40厘米，高出田埂面40～50厘米。临近稻田的一面，要用水泥抹平或贴一层玻璃，使表面光滑。墙的上沿，应做成“厂”形，以加强防逃性能。这种防逃墙坚固耐用，一劳永逸，安全可靠。缺点是造价偏高。

2. 钙塑板防逃墙

选用抗氧化能力较强的钙塑板，沿稻田四周围设，用木桩或竹桩支撑。通常将钙塑板埋入田埂以下10～20厘米，高出田埂40～50厘米。钙塑板之间的接缝处要紧密。将稻田的四角处要做成椭圆形。这种防逃材料来源广泛，建造工艺简单。缺点是材料易老化，容易被大风暴雨冲倒。因此，要注意经常检查维修。

3. 水泥板防逃墙

水泥板的大小按照设计要求，可以定做，也可以自制。要求每块水泥板的长度为100～150厘米，高度为60～80厘米，厚度为5厘米。沿田埂周围埋设，埋入田埂以下20～30厘米，高出田埂40～50厘米。水泥板之间的接缝处要严密。将稻田四角处做成椭圆形或圆形。这种防逃墙坚固耐用，造价中等，适宜大面积稻田养蟹采用。

4. 玻璃钢防逃墙

选用玻璃钢板作防逃材料，按照设计尺寸制作，沿田埂周围设置。这种防逃材料的防逃性能较好，坚固耐用。但要注意检查维修。

5. 塑料薄膜防逃墙

选用市场上出售的塑料薄膜，用木桩固定支撑，沿田埂周围设置，薄膜埋入田埂以下10～20厘米泥土中，高出田埂40～50厘米，向稻田内倾斜30°。将稻田四角处做成半圆形。为了提高防逃效果，通常设置两道。这种防逃墙，造价低廉，但容易损坏、老化，经不起风吹日晒，一般只能使用1年，且要经常检查维修。

此外，还有选用石棉瓦、平板玻璃、铝片、铁皮等材料作防逃墙的，防逃效果也较好。

稻田的注排水口，应设在稻田相对两角处，采用管道为好。在水管内端设双层网包好，再设置40目的铁栅栏，以防止河蟹逃逸和青蛙、田鼠的危害。

另外，可在稻田中设置一些人工隐蔽物，有助于减轻仔蟹自相残杀，提高成活率。

二、投放蟹苗前的准备

在河蟹苗正式投放到大田前，除了修建稻田的养殖工程设施外，还有一些准备工作，如清田施肥、培植水草、蟹苗暂养等，是必须做好的。

1. 清田施肥

在稻田移栽秧苗前10～15天，要进行整田耙地，每亩用30～40千克的生石灰消毒，以达到清野除害的目的。过两三天后，每亩再施130～150千克腐熟的农家肥，或10千克碳酸氢铵。如用碳酸氢铵作基肥，要将其翻压在田泥中。

2. 培植水草

河蟹是否养得好，首先看水草。养蟹稻田在插秧之后，在蟹沟和蟹溜中需培植适量的水草，以利于河蟹的栖息、隐蔽和蜕壳。沟、溜中的水草，可供河蟹蜕壳时攀缘附着，帮助缩短蜕壳的时间。蜕壳后的软壳蟹，可以在水草丛中藏身，使其同类和敌害生物不易发觉，从而降低了被蚕食的可能性，提高了软壳蟹的成活率。河蟹平时在水草上攀爬摄食，蟹体能够接受阳光的照射，有利于钙质的吸收，促进甲壳的生长。在夏季天气炎热、水温过高时，河蟹又可以借助水草隐蔽，以利遮阴纳凉。

水草在沟、溜中可以净化、改善水质，为河蟹生长、生活提供良好的环境。水草能进行光合作用，增加水中溶解氧。水草还可以吸收水体中氨氮和无机营养盐类，减轻、淡化水的肥度，降低了这些物质对河蟹的危害，同时也增加了水体的透明度，稳定了pH值，使水体保持中性偏碱，有利于河蟹的蜕壳、生长。

有许多种类水草是河蟹良好的植物性饵料，如苦草、马来眼子菜、轮叶黑藻、金鱼藻、浮萍等。水草多的地方，各种水生昆虫、小鱼虾、螺、蚌、蚬类及其他底栖动物的数量也较多，这些又是河蟹可口的动物性饵料。

另外，水草多的地方，由于水质清新、溶解氧充足、饵料丰富，河蟹一般很少逃逸，因此，蟹沟、蟹溜内种植水草，也是防止河蟹逃逸的有效方法。

3. 栽好水稻

养蟹稻田移栽的水稻，一般宜选择耐肥力强、秸秆坚硬、不易倒伏、抗病力强的高产水稻品种，如汕优 63、南优 6 号、六优 1 号、武育粳 3 号等。

稻田的整耙一般在移栽秧苗前 15 天进行。整田时，每亩用 20～25 千克的生石灰调成浆全田泼洒，以杀灭致病菌和野杂鱼。两三天后，施腐熟的农家肥，每亩施 100～150 千克，另加施尿素 30 千克、过磷酸钙 40 千克。农家肥和磷肥全部作基肥，尿素的 40%作基肥、60%作追肥。

在秧苗移栽前 2～3 天，要对秧苗普施一次高效农药，以防止水稻的病虫害带进大田中。通常采用浅水移栽，宽行密株栽插。适当增加埂内侧和蟹沟、蟹溜旁的栽插密度，发挥边际优势，以提高水稻产量。

待水稻返青见蘖时，要及时追施分蘖肥。投施蟹苗后原则上不许再施肥，如发现有脱肥现象，可追施少量尿素，每亩不得超过 5 千克。

4. 蟹苗暂养

蟹苗的暂养一般分两级。一级暂养是从大眼幼体到变态阶段，此期是用 30 目纱网做成网箱暂养；二级暂养是变态后的蟹苗到投放稻田之前的阶段，多在稻田一角的蟹溜中进行暂养。应选择日龄足、淡化程度高、游动快捷的健壮大眼幼体进行一级暂养，网箱保持水深 60～70 厘米，上留 30～40 厘米，箱底距池底 10 厘米，每立方米水体可放苗 0.1 千克。待 3～5 天蟹苗变态后，即可移入二级暂养池。

二级暂养池设在养蟹稻田一端的蟹溜中，每千克蟹苗需水面 40 米^2，水深 30～40 厘米。暂养池四周应设防逃墙。

不同暂养期的饲养方法也有区别，在大眼幼体到变态时期，以投喂鲜活的水蚤、卤虫等为好，不足时可用鱼糜、熟猪血、豆腐代替。饵料的投喂量为蟹苗总重量的 30%～40%，每天分 1～2 次投喂。变态后，投喂的饵料以搅碎的低质鱼虾和熟猪血、豆腐为宜，1天2次。饵料的投喂量为蟹苗总重量的30%，其中上午8时左右投喂1/3、下午5时左右再投喂2/3。暂养期间要勤换水，1～2天排一次陈水，要排掉陈水的1/3或2/3，然后补足新水。

待稻田的各项作业结束、农药和化肥的残效期已过后，即可开始向稻田放苗。即将暂养池的防逃墙拆除，然后向暂养池中徐徐加水，使蟹苗随水流进入养蟹稻田。

三、蟹苗的投放

在投放蟹苗前，稻田中应灌足新水，水深10厘米。一般在6月份上旬稻田插秧1周后放苗，每亩的放养密度应掌握在8000～12000只。放苗前，一定要注意稻田水体中是否还有药物毒性的存在。检查的方法是，取少量蟹苗放入稻田的某一局部水域中"试水"，若这些苗1天后活动是正常的，则表明水体中药物毒性完全消失，即可放苗。最好是在稻田中已长出轮叶黑藻后放苗，以提高蟹苗的成活率。

四、扣蟹的饲养管理

稻田培育扣蟹过程中的饲养管理是一个中心环节，认真做好饲养管理工作，是获得稻蟹双丰收的根本保证。

1. 水质管理

稻田培育扣蟹在用水方面，首先要处理好稻田用水需要与河蟹用水需要的矛盾。水稻的生长发育要求水体中溶解氧充足，水质清爽、嫩活，一般需要经过几次晒田；河蟹的生长发育同样要求稻田水体中溶解氧充足，水质清爽、嫩活，但需要保持相对稳定的水位。为此，养蟹稻田在尽量不晒田的同时，应采取"春季浅，夏季满，秋季定期换"的水质管理办法。春季浅是指在秧苗移栽大田时，水位控制在20厘米左右，以后随着水温的升高和秧苗的生长，应逐步提高水位至30厘米；夏季满是因为夏季水温高，昼夜温差大，因而将水位加至最高可关水位；秋季定期换水，严格地说是进入夏季高温季节后要经常换水，换水的目的有两个：一是增加溶解氧，二是降低水温。一般每5～7天换水1次，为了照顾河蟹的傍晚摄食活动，换水一般在上午进行。

2. 投饵

蟹苗下田后1个月为促长阶段，饵料要求蛋白质含量在40%以上，另加0.1%的蜕壳素、1.5%的田菁粉黏合剂。日投喂量按蟹苗总重量的20%～25%计算，其中上午8时投1/3、下午6时投2/3。从8月初到9月中旬为蟹种生长控制阶段，一般每天下午6时投饵一次。前20天日投精饲料约占蟹种总重量的7%，青饲料占蟹种总重量的30%。以后改为日投精饲料约占蟹种总重量的3%，青饲料占蟹种总重量的30%。9月中旬以后为蟹种生长的维持阶段，可全部改投植物性饲料，如生南瓜、熟山芋等，投喂量约占蟹种总重量的10%。

3. 水稻用药的注意事项

培育扣蟹的稻田一般不施农药，因为为切断病源，已在秧苗田里普施了一次高效农药，加上河蟹对生活在稻田水体中的水稻害虫的幼体有一定杀灭作用，因此养蟹稻田中的水稻病害相对来说要少一些，但是不能排除杀灭得不够彻底或其他稻田传播病害的可能性。如果必须使用农药时，应选用高效低毒的农药，并在严格控制用药量的同时，先将稻田水灌满，只能用喷雾器而不能用手工泼洒药物，而且要求喷雾器的喷雾嘴细小，喷出来的是细雾或迷雾，同时应将药物喷在稻禾叶片的上面，尽量减少药物淋落在稻田水体中。用药后，若发现河蟹有不良反应，应立即采取换水措施。在夏天随着水温的上升，农药的挥发性增大，其毒性也大，因此，在高温天气里不要用药。

4. 日常管理

稻田培育扣蟹的日常管理，主要是巡田检查，每天早、晚各一次。查看的主要内容有：防逃墙和进出水口处有无损坏，如果发现破损，应立即修补；观察河蟹的活动觅食、蜕皮、变态等情况，若发现异常，应及时采取措施；注意稻田内是否有河蟹的敌害生物出现，如老鼠、青蛙、鳌虾和蛇类等，如有发现应及时清除，具体防治敌害的方法在本书第八章有叙述。如发现存留残饵，也应及时清除，以防其腐烂变质而影响水质。

在河蟹的生长期内，每半个月施一次生石灰，一般每亩用生石灰 5 千克。采取这一措施，其一可以调节水质，保持水质良好；其二可以增加稻田中的钙质，以利于河蟹生长、蜕壳；其三可以杀灭稻田中的敌害生物。

在下雨天，要特别注意及时排水，以防雨水漫埂跑蟹。

五、扣蟹的起捕

稻田培育的扣蟹一般在 9 月中、下旬收割稻谷前进行捕捞。具体捕捞的方法有：一是利用河蟹晚上上岸的习性，人工沿田边捕捉；二是利用河蟹顶水的习性、采用流水法捕捞，即通过向稻田中灌水，边灌边排，在进水口倒装蟹笼，在出水口设置袖网捕捞，效果较好；三是放水捕蟹，即将稻田水放干，使扣蟹集聚到蟹沟、蟹溜中，然后用抄网捕捞，再灌水，再放水，如此反复 2～3 次即可将绝大多数的扣蟹捕捞出来；四是在田边设置“小太阳”，利用灯光诱捕。采用多种捕捞方法相结合，扣蟹的起捕率可达到 95%以上。

六、扣蟹的越冬

加强扣蟹的越冬管理，能提高蟹种成活率，增加河蟹养殖效益。当扣蟹起捕后，应立即称重过数，按规格大小分开，若发现性早熟的蟹种应及时处理，优质扣蟹进行越冬管理。

1. 越冬池越冬

用于越冬扣蟹的越冬池，要求环境安静、背风向阳、保水性能好，池深 150～200 厘米，面积 2～4 亩。使用前每亩用 100 千克生石灰清塘消毒。

每亩放养 75～100 千克扣蟹。放养前，用 2×10^{6} 的聚维酮碘溶液浸泡 5 分钟杀菌。

池水水质要清新，溶解氧含量高。池水深度保持在150厘米以上。若发现水位下降，应及时补水，以防止扣蟹被冻伤、冻死。如果发现水质过肥，应及时更换新水，以防止扣蟹窒息而死。

在越冬期间，如果天气晴暖，扣蟹会少量摄食，可投喂少量切碎的小鱼虾、蚌肉等，以补充扣蟹的营养。

在越冬期间，每隔20天每亩用10千克生石灰化浆后全池泼洒，以预防蟹病。

2. 蟹笼、网箱越冬

选择条件较好的河道、湖泊或池塘，将扣蟹装入蟹笼或网箱，沉入水中。天气晴暖时，按上述方法适量喂食。要严防水面结冰，加强管理。至翌年三四月份再放入稻田、池塘或湖泊中进行成蟹养殖。

如扣蟹需要出售，通常用蟹笼或网箱暂养，待价而沽。

七、蟹种性早熟的控制

蟹种性早熟是稻田培育扣蟹中的一大难题，也是直接制约河蟹养殖生产发展的一个重要因素。在生产实践中发现，稻田培育扣蟹，如不采取有效技术措施进行控制的话，所培育的扣蟹中，性早熟蟹种一般占扣蟹总数的20%，有的超过30%，有的甚至达到50%以上。由于性早熟蟹种不能够继续生长，因此不能作为蟹种用；而个体一般又较小，食用价值不大，作为商品蟹售价很低。由此可见，在稻田培育扣蟹过程中，采用技术措施控制蟹种性早熟现象的出现是十分必要的。

那么，应该采取哪些技术措施呢？首先，我们要了解蟹种性早熟的原因。根据研究分析，在稻田中培育扣蟹造成蟹种性早熟的原因主要有以下几点。

（1）有效积温过高　有效积温高，致使鱼类、爬行类、鸟类性早熟，这在理论和实践中均已被证实。同样，将河蟹蟹苗运到珠江流域水体中放流，则它们当年就达性成熟（一般规格为60克左右），即可参加降河洄游。而将河蟹蟹苗运到北方辽河流域水体中放流，则它们要到第三年才达性成熟。可见，有效积温高低能影响河蟹的性腺发育。

稻田的环境与河蟹天然生长的江河、湖泊又不同。稻田水浅，在长江流域其夏季水温高达36～38℃，而江河、湖泊的水温不超过30℃，由于河蟹生长期水温高，其新陈代谢水平高，摄食量大，生长速度加快，当肝脏贮存养分过多时，便向性腺转化，促使性腺快速发育，从而形成性早熟。

（2）放养蟹苗过早　近年来，河蟹的人工繁殖季节过早，4月初或4月底就可获得蟹苗，这些蟹苗必须用塑料大棚保温才能正常生长，否则在自然条件下若遇低温极易死亡，它们的生长期比天然蟹苗要早一个半月到2个月，其当年的有效积温也相对增加，这等于延长了河蟹当年的生长期，如果培育时处理不当，也容易产生性早熟蟹种。

（3）盐度过高　目前，稻田培育扣蟹多集中在沿海地区，这些地方盐碱地多，较高的盐度刺激了河蟹的性腺发育，促使蟹种性早熟。比如上海崇明县，其长江北部沿岸的稻田水体的盐度一般为1‰～3‰，比长江南部沿岸稻田（纯淡水）的高，其东部又比西部的盐度高，因此稻田培育扣蟹中，性早熟蟹种的出现率也是长江北部沿岸的稻田比长江南部沿岸的稻田高，东部也比西部的高。

（4）营养过剩　河蟹的性腺重量与其肝脏重量是成反比的。在幼蟹阶段，其性腺小、肝脏重，肝脏为卵巢重量的20～30倍。当成蟹阶段进入生殖洄游时，其性腺发育迅速，卵巢逐渐接近肝脏的重量。当进入交配产卵阶段，卵巢的重量已明显超过肝脏。在江河、湖泊中生长的河蟹蟹种，其胃内的食物组成主要以植物性饵料为主，饵料质量差，故生长较慢，肝脏体积小，性腺发育处于停滞状态。而稻田培育的蟹种，投饵数量多、质量好，一些养殖户或养殖单位为使河蟹快速生长，从河蟹的大眼幼体放养之日起就一直投喂蛋白质含量很高的动物性饵料和精饲料，有些养殖户或养殖单位还在河蟹的饵料中添加促生长剂。由于营养过剩，致使蟹种肝脏的体积迅速增大，并加速向性腺转化，以贮存多余的营养物质，于是便出现生长快、个体大的性早熟蟹种。

针对性早熟蟹种形成的原因，可以采取以下技术措施控制蟹种性早熟现象的出现。

（1）适当晚放苗　若放养人工繁殖的蟹苗，其放养时间应尽量接近天然蟹苗，一般以放养至6月中旬以后的大眼幼体为宜，最早不要早于5月份。

（2）加大放养密度　为控制河蟹生长过快，蟹苗的放养量可从原来的每亩放养250～300克增加到每亩放养400～500克。使当年的扣蟹规格培育成每千克120～140只。

（3）降低稻田水温　培育扣蟹的稻田应尽量选在有丰富地下水、冷泉水或深水库的下游，便于打井引水或自流灌溉。在夏、秋高温季节，每天上午9时至下午4时，不停地向稻田内注水，使之形成微流水，利用流水降低稻田水体的温度。

适当加深稻田的水位，以水深适当控制水温升高，尽量使稻田水体的温度保持在20～24℃，以延长蟹种的生长期，降低性早熟蟹种的比例，提高稻田培育扣蟹的经济效益。

蟹沟、蟹溜的水深要保持在70厘米以上，并在沟、溜中种植水生植物如茭白、水蕹菜、菱等，田埂上也应种植瓜、果等经济植物，最大限度地降低稻田水体的温度，以防止有效积温过高。

（4）调整饵料结构　在培育扣蟹的整个喂养过程中，蟹种的饵料结构要坚持两头精、中间粗的原则。刚放入大眼幼体，要投喂以枝角类为主的浮游动物和鱼糜等精饲料，便于河蟹消化和保持水质清洁，以防止产生懒蟹。20天后（三期幼蟹后），投喂的饵料要以水草、浮萍、麦麸、玉米等植物性饵料为主。如发现幼蟹生长太快，则要停止喂食或三四天投喂一次。9月中旬后，为增强蟹种的体质，以便能顺利越冬，还要投喂20～30天的精料，品种以小鱼虾、豆饼和人工配合饲料为主。

（5）改善稻田条件　盐碱地区的农户如在稻田中培育扣蟹，应经常排出稻田中盐度逐渐升高的陈水，注入新鲜淡水。没有新鲜淡水的地方可以打井。井水特别是深井水既无污染，盐度又极低，很适合养蟹。

第三节　成蟹的稻田养殖

稻田养蟹，稻蟹共生，将名特水产品的养殖与水稻种植有机结合，改变了稻田单一的种植结构，获得了一水两用、一地双收的良好经济效益、生态效益和社会效益，为发展生态农业闯出了一条新路，为广大农村发展闯汇农业、脱贫致富提供了一条有效途径。

一、稻田的选择和工程要求

养殖成蟹的稻田，一般应选择靠近水源、水质清新无污染、排灌方便、保水性能良好的田块，面积以3～4亩为宜。

养殖成蟹稻田的工程设施，以环沟式和垄稻沟蟹式两种养殖工程设施较为理想。这里着重介绍环沟式养殖工程设施的工程要求。

首先在稻田四周离田埂150～200厘米处开挖环沟，环沟宽60～80厘米、深50厘米，其挖出的泥土将周围田埂加宽垫高，一般田埂宽50厘米、高60厘米。

再根据田块大小，在田中开挖成“十”字形或“井”字形的蟹沟，蟹沟宽60～80厘米、深50厘米。在田边开挖8～10米^{2}的蟹溜，蟹溜呈长方形，深100厘米，要求沟与溜相通、沟与沟相连。通常沟、溜面积占稻田面积的12%～15%。沟、溜宜在插秧前开挖为好，为防止坍塌，目前不少地区已用水泥板作护坡。插秧后，清除沟、溜内的浮泥。

有些地方在开挖环沟后，田中每隔250厘米挖一条畦沟，沟宽50厘米、深50厘米，并与环沟相通，而不设蟹溜，整个沟的面积占稻田面积的20%～25%。

稻田养殖成蟹的防逃墙可根据当地的具体情况，选用水泥板、钙塑板、石棉板、油毛毡、玻璃钢瓦、砖墙、网片、双层塑料薄膜等建筑材料。具体的建造方法同第六章第二节防逃墙的建造方法。对防逃墙的总体要求是：表面光滑、坚固耐用、防逃性能好。防逃墙要高出田埂50厘米，将稻田的四角处建成椭圆形，板与板的接头处要紧密而无丝毫缝隙，支撑物要坚实牢固。

为避免河蟹掘穴造成沟、溜中淤泥增加，可事先进行人工造就蟹洞。即在蟹沟、蟹溜形成之后，在沟、溜坡离田面25厘米处，每间隔40厘米左右，用直径12～15厘米的扁圆形棍棒，戳成15°斜角、深20～30厘米的洞穴，以供河蟹隐蔽和穴居。为了防止河蟹相互格斗致残，沟、溜两对坡间的洞穴以交错设计为宜。

二、投放蟹种前的准备

在蟹种投放到稻田前，除了建造稻田的养殖工程设施外，还要做好一些准备工作，如清田消毒、栽好水稻、培植水草等是必要的。

1. 清田消毒

当大田整修结束后，每亩用30～35千克生石灰泡成乳液，全田泼洒，以杀灭敌害生物和病菌，并能补充钙质。如果是盐碱地，则应改用漂白粉消毒，使稻田水体含漂白粉的浓度达到20×10^{-6}。

2. 栽好水稻

养殖成蟹的稻田，一般宜选择耐肥力强、秸秆坚硬、不易倒伏、抗病力强的高产单季稻品种，如三伏63、晚粳93-207等。最好采用免耕直播法，以减少田内浮泥数量。如插秧，应采用宽行密株栽插，并适当增加沟、溜四周的栽插密度，发挥边际空间优势，以增加水稻产量。

育苗及插秧要尽量提前，最好在5月15日前栽好秧，以便尽早把蟹种投放到稻田中，增加河蟹的有效生长期。

3. 培植水草

俗话说“蟹大小，看水草”。这充分说明水草在河蟹养殖中的重要作用。水草为河蟹的生长提供了极为有利的生态环境，降低了生产成本，增加了河蟹养殖的产量和效益。

（1）河蟹养殖过程中的大量残饵和排泄物，极易导致水体富营养化，水草能吸收水体中的营养盐，可以降低水中氨氮，能起到净化水质、增加溶解氧、改变水体富营养化的作用。

（2）水草可为河蟹的生长、蜕壳提供极好的隐蔽环境。河蟹蜕壳时，常常攀爬在水草上，这有助于缩短河蟹的蜕壳时间，减少河蟹的体力消耗，减少敌害侵袭，对河蟹的蜕壳起到了保护作用。

（3）在炎热的夏季，水草给河蟹一个凉爽、安定的生活空间，它能遮挡阳光直射，防止水温过高，对河蟹起到了防暑降温的作用。

（4）水草能疏散河蟹密度，防止和减少蟹沟、蟹溜局部因河蟹过于密集而发生相互格斗和相互残杀，避免伤亡，提高成活率。

（5）水草营养丰富，含有蛋白质、脂肪及维生素等河蟹需要的营养物质，为河蟹的生长提供了优质的天然饵料，从而大大地降低了养蟹的生产成本。

（6）水草能提高河蟹的光亮度，改变其体色，提高其品质，使出产的商品蟹质优价好。

适宜河蟹生长发育的水草种类很多，但最佳的品种主要有苦草、水花生、轮叶黑藻、菱、小青萍、慈姑等。这里仅介绍苦草的种植方法，以供参考。

苦草，俗称水韭菜、毛鱼尾子、面条草、扁担草等，是野生沉水植物。苦草的根生于泥中，茎叶全被水淹没，多在开花时挺出水面。苦草通常分布在湖泊、河流之中。

苦草的移植，一般是播种其种子。苦草的播种，通常在水温为18～20℃时进行。先将草籽装在蛇皮袋中，在水中浸泡7天，然后捞起连袋在太阳下晒1天，再放回水中浸泡1天，再捞起来取出草籽用搓衣板将其搓成泥状，按每亩用草籽50克对水稀释后，均匀泼洒于蟹沟、蟹溜水面，此时沟、溜中的水深控制在10厘米左右。30天后可见幼草，水面覆盖率能达到80%以上。如沟、溜中的水较深，经40～50天可见到幼草，水面覆盖率能达到75%以上。但值得注意的是，在沟、溜中要适度预留一些空白区域不种草，以便留些空间让河蟹自由活动。

三、蟹种放养

1. 蟹种选择

一是选用自己培育的扣蟹直接放入稻田，二是到外地采购。在采购时，要选购肢体完整、体质健壮、规格整齐、活动力强、无病且体色正常的1龄正常蟹种，蟹种的规格以80～120只/千克为宜。

2. 放养时间

若采用直播法播种的水稻田，一般在三叶期以后放养；若采用移栽法定植的水稻田，应在插秧后7～10天放养。

3. 放养密度

每亩放养80～120只/千克的1龄蟹种1000～1200只。

4. 蟹种入田方法

蟹种放养前，要用（50～100）$\times 10^{-6}$的福尔马林或（20～40）$\times 10^{-6}$的高锰酸钾浸泡10分钟，以消灭蟹体上的病菌和寄生虫。若是经过长途运输的蟹种，应先在清水中浸泡3分钟，提出水体10分钟，如此反复几次后进行消毒处理，再行放养。

全国各地的气候条件、水质条件、排灌条件、工程标准和管理水平都或多或少地存在差异，因此在蟹种的放养规格、放养时间及放养密度方面，应结合本地的实际情况，灵活掌握。

四、稻田养蟹的管理技术

1. 水质管理

养殖成蟹稻田的水质管理，要按照春浅、夏满、秋勤的原则进行。春季，稻田水位应保持在10厘米左右，坚持每周换1次水；夏季，为防高温，应将稻田的水位加至最高可关水位（以不影响水稻正常生长为准），坚持每周换2～3次水。若发现河蟹多数爬到田边，吐泡沫呼吸空气，尤其是白天都有大批的河蟹攀爬出水面，受惊也不下水，或一下水马上又上岸，表明水体缺氧或水质已败坏，此时应尽快把陈水换掉。平时还要注意控制水位涨落的幅度，以防止懒蟹的形成；秋季，是河蟹处于摄食高峰的时期，为保证水质清新要定期换水。无论春、夏、秋季，换水的时间一般在上午 10 时左右进行，每次的换水量为田间规定水位的 1/3～1/2。具体换水量和换水次数应视田内水质情况灵活掌握。每次的换水时间应控制在 3 小时以内，水温温差应控制在 3～5℃以内，一般先排水后灌水，且要防止急水冲灌进田，影响河蟹的正常活动。蟹沟、蟹溜内的水应定期消毒，每亩用10～15 千克生石灰化水后均匀泼洒。要特别注意的是，在每次换水前不要忽略了水源的水质观察与监测，如发现异常，应采取相应措施，确保水源的水质质量。

2. 水稻管理

养蟹稻田，一般不要任意改变水位或脱水晒田。如确实需要晒田时，只能将水位降至田面无水，也可采用分次进行轻晒田，以防止水位过低而影响河蟹生长。

稻田施肥应以有机肥为主，在施足基肥的前提下，通常以饼粕作追肥最佳。缓青肥要在 5 月 20 日前施完，分蘖肥在 6 月 10 日前施完。要尽可能减少追肥次数，尤其要减少化肥的追肥次数和数量。确实需要采用化肥作追肥时，宜用尿素，不宜用碳酸氢铵、氨水等易挥发、刺激性强的肥料。施追肥应避开河蟹大量蜕壳期，追肥每次每亩用量控制在 7.5～10 千克以内。

河蟹对农药的毒性比鱼类更敏感，因此，养蟹稻田必须严格控制使用对河蟹毒性强的农药。如确需用药，必须选用毒性低的农药，并准确掌握水稻病虫发生时间和规律，对症下药。用药方法要采用喷施，尽量减少农药散落在田间水体中。施药前，应降低水位，使河蟹进入蟹沟和蟹溜内。施药后应换水，以降低田间水体农药的浓度。用药时，应分批隔日喷施，以减少农药对河蟹的危害。

3. 饵料投喂

稻田养殖成蟹的饵料投喂应遵循“四定”原则。

(1) 定质　饵料要求新鲜、适口、蟹喜食、营养价值高。河蟹可食用的饵料种类很多，其中动物性饵料有小杂鱼、小虾、蚕蛹、蚯蚓、蚌肉、鱼粉、血粉等，植物性饵料有水草、浮萍、藻类、瓜类、麸皮等，还可投喂人工配合饲料。动物性饵料一定要新鲜，植物性饵料要求无根、无泥、无黄叶。不投腐烂变质饵料，不投粉状饲料，应投小块状或煮熟的麦粒、黄豆、玉米等。配合饲料必须制成颗粒状，并能保证在水中成形6个小时不散。投喂饵料切忌固定一种，应经常更换。

（2）定量　河蟹除杂食性外，还具有耐饥饿性和暴食性的食性特点。如果让其过度饥饿或过度饱食，都不利于河蟹的生长发育。因此，定量投喂饵料对河蟹养殖是十分必要的。

从理论上说，蟹种从天然水域进入人工养殖环境后，一旦条件许可即可大量摄食，整个生长期内一般会出现两个摄食旺盛期，一个是初夏时节河蟹摄食量较大，另一个是在河蟹性腺成熟之前，也称为河蟹的大生长期。在这两个摄食高峰期，除植物性饵料要满足供给外，还要保证动物性饵料的供应量。

当然，饲养河蟹的投喂量还应根据蟹种放养密度，稻田的水质、水温，天气和饵料的质量以及河蟹的摄食情况而灵活掌握。

由于河蟹对饵料要求具有多样性，在饲喂过程中，应注意饵料的多样化、动植物性饵料搭配使用，避免投喂单一饵料，尤其是钙、铁、钾等微量元素在饲料中是不可缺少的。虽然河蟹有耐饥和暴食两方面的特点，还要尽量做到足量投喂和均匀投喂，并注意避免忽多忽少的现象。太多不仅造成饵料浪费，还会影响水质；太少会影响河蟹的生长速度，甚至会增加河蟹之间的互相残杀。

（3）定时　河蟹一般白天在洞穴、草丛等隐蔽处栖息，到黄昏、夜间才出来活动觅食。从大生长期的8月份开始，白天也会出来觅食。但在放养密度过大、饲料不足的情况下，即使不是大生长期，白天也会出来觅食。因此投饵时间应定在傍晚6时左右。当水温在10℃左右时，每周投喂2次；当水温在20℃左右时，每隔1天投喂1次；当水温在20℃以上时，每天投喂1次；在河蟹的大生长期，每天上午9时左右和下午6时左右各投喂1次。

（4）定位　即投喂饵料的地点应大致固定，在沟、溜中设立固定的投饵区，不是今天投在这里，明天投在那里。这样有利于河蟹摄食习惯的形成，知道每天到定点处觅食。定点投喂还有利于养殖者观察河蟹的摄食情况和发病情况。一般定位的方法是设置饵料台。一种是在水位线偏上的田埂坡边，依坡而筑起小平台；一种是在蟹沟、蟹溜中设置一个投饵框，投饵框略低于水面作为饵料台。为了使河蟹养成集中在饵料台摄食的习惯，开始投喂饵料时应投喂腥味较大的河蟹喜食的饵料，如河蚌、螺蛳肉等。

饵料投喂还须坚持“四看”。

(1) 看季节　早春2～3月份，尽管水温低，但河蟹还是少量摄食，可选择晴天傍晚用少量鲜活饵料（如小杂鱼、小虾）或鱼糜加麦粉制成的颗粒饵料开食。清明节后，水温逐渐上升，可投喂颗粒饵料等精饲料和嫩水草、陆草、菜叶、莴苣等，要保持饵料的适口性、投饲的均匀性。俗话说：“7月、8月长壳，9月、10月长膘”。小满到白露期间，水温较高，河蟹的活动量大，食量也大，这时节可大量投喂植物性饵料，并少量搭配动物性饵料，但这期间如果水温超过37℃，应停止喂食。白露以后，河蟹逐步趋于性成熟，应加大动物性饵料的数量，以利河蟹体内脂肪的积累和性腺的发育。

(2) 看水色　水色是水中浮游生物的种类和数量的不同给人们视觉上的反应。河蟹的养殖水体要求“清、活、嫩、爽”。“清”，即指水体中浮游生物的数量不是很多，水质清淡；“活”，即指水体不死滞、溶解氧充足，水色能随光照和时间而稍有变化；“嫩”，即指水体鲜嫩不老，表明水体中的浮游植物细胞未衰老，反之，会降低水体的鲜嫩度而变成“老水”；“爽”，就是水质清爽，水面无浮膜，混浊度小，透明度在30厘米以上。当水色“清、活、嫩、爽”时，可适量多投；当水质肥、浮游植物数量多时，应控制投饵数量；当出现“老水、死水”情况时，应停止喂食，并应及时换水。

(3) 看天气　天气晴朗，水温正常，可适当多投饵料；阴天、阴雨天，且气压低、天气闷热，有将要下雨的感觉时，应当少投饵料；天气预报近期有暴雨的天气，可不投饵料；雨后天晴，又可适当多投些饵料。

(4) 看河蟹的吃食及活动情况　每天早晨巡查饵料台或食场

(即投饵区)，如果发现前一天傍晚投喂的饵料已吃完，河蟹活动正常，可适当增加投喂量；如果发现前一天傍晚投喂的饵料还没有吃完，应适当减少投喂量；如果发现有病蟹或死蟹，除应调整投饵数量外，还应及时采取防治措施。

4. 消毒补钙

在河蟹的饲养过程中，应坚持每月每亩用10～15千克生石灰化成石灰浆后泼洒1次，以杀灭稻田水体中的病菌、驱除稻田中河蟹的敌害生物，改善和调节稻田的水质，并能补充稻田水体中河蟹所需要的钙质营养。

5. 日常管理

稻田养殖成蟹的日常管理工作主要包括“六查、六勤”：一查河蟹的生命活动是否正常，勤巡田；二查稻田水体的溶解氧，勤做饵料台的清洁卫生工作；三查稻田内是否有河蟹的敌害生物，勤清除敌害；四查稻田内是否有软壳蟹，勤保护软壳蟹；五查河蟹是否患病，勤防治河蟹的疾病；六查稻田的防逃设施，勤维修保养。

第七章 防治蟹病的药物

第一节　常用药物介绍

一、生石灰

生石灰学名氧化钙，分子式为 CaO，属碱性物质。在养鱼中常用于清塘消毒和防病。在养蟹过程中，生石灰的作用较多。

1. 作用

（1）调节水质　生石灰在水的淬解作用下，生成强碱性的氢氧化钙，分子式为 $Ca(OH)_2$。当人为地控制生石灰用量时，养殖水体呈微碱性或偏碱性，有利于河蟹生长。同时，可使水中悬浮的胶体有机物沉淀，提高水体透明度。

（2）增加营养　钙离子是河蟹生长不可缺少的营养元素，河蟹作为甲壳动物对钙的需要量比鱼类大得多。施用生石灰可增加水体钙离子，解决河蟹对钙的需求。

（3）杀灭病原体　生石灰遇水放出大量的热能，能够杀灭和抑制病原体，因此常用来清池消毒。

2. 用法用量

（1）耐受能力　河蟹对生石灰有较强的耐受能力。据试验，24 小时和 48 小时的半致死浓度分别是 156 毫克/升和 105 毫克/升。即在养蟹过程中，当水深 1 米时，每亩施用 9.5 千克为极限。

（2）用量　在干池清塘时的用量为 75 千克/亩；带水清塘时 150 千克/亩；预防蟹病及消毒时 5～10 毫克/升，即当水深 1 米时，每亩用量为 3.3 千克或 6.7 千克。

3. 注意事项

一是生石灰在下池前的管理中应防潮防水，因生石灰遇水即变为熟石灰，就失去了杀灭病害的作用。二是生石灰必须化水全池泼洒。

二、硫酸铜

硫酸铜俗称蓝矾，分子式为 $CuSO_4$，为深蓝色结晶或粉末，有金属性，遇水溶化，水溶液呈弱酸性。

1. 作用

硫酸铜与病原体的蛋白质结合生成蛋白盐，使其沉淀，达到杀灭病原体的目的，对原生动物和有胶质的低等藻类（如蓝藻）有较强的毒杀作用。

2. 忍耐能力

据陈俊祥（1988）试验，河蟹在大于 1 毫克/升的硫酸铜晶体药液中，不到 48 小时全部死亡。0.8 毫克/升的浓度可杀灭水体中的青苔（网状蓝藻），但此时的河蟹反应强烈。据吴朝森报道，硫酸铜对河蟹的安全浓度为 2.045 毫克/升。据薛美（1998）试验，在 1.0 毫克/升、1.2 毫克/升和 1.4 毫克/升硫酸铜溶液中，蟹种能蜕壳，但 4～8 天即死亡。

3. 用法与用量

硫酸铜在养蟹中一般用于杀灭青苔（也称青泥苔，是一种网状藻类）。因为青苔在稻田或池塘等浅水环境中能生长繁衍，在湖泊中也有青苔发生。如 2000 年 4～5 月，湖北省应城市龙赛湖（1 万亩）全湖发生严重青苔现象，编者受邀前往处理，当即采用本药在湖中分区局部（因湖面较大）杀灭，效果较好。

（1）用量 一般采用 0.7 毫克/升的浓度泼洒。

（2）注意事项 由于本品属重金属物质，河蟹对其较为敏感，过量使用或经常使用会引起河蟹造血功能下降，破坏肝功能，影响消化吸收。因而一是不能经常使用；二是在水体中杀灭青苔最好直接将药液泼在青苔上，可减少用药量；三是在蟹蜕壳生长期，最好分区泼洒。

三、漂白粉

本品是次氯酸钙、氯化钙和氢氧化钙的混合物，遇水即产生氯离子，有杀菌作用。是水产养殖业中常用的一种杀菌剂，能预防和治疗多种细菌引起的疾病。

1. 作用

主要用于消毒和预防蟹病。对已经发生蟹病且较严重时，仅用本药难以奏效。因为此时病原体已在蟹体内感染侵袭肌肉、鳃丝等组织，加之，河蟹有甲壳及黏液的保护。

2. 耐受能力

本品对蟹的48小时最低致死浓度为30毫克/升，48小时安全浓度应低于20毫克/升，常规遍洒使用浓度为1毫克/升。

3. 用法

（1）本品极易分解失效，故需密闭保管，置于阴凉干燥处。

（2）使用时先用漂白粉测定器，测出其有效氯含量，据此推算的使用量才能有效。没有测定器时，可用手放入药袋中，看药对人手是否有阴凉的感觉。有阴凉感觉为正常，此时注意手不要直接接触药物，以免灼伤。此外，肉眼观察药物是否为纯白色的粉剂，如变黄色或呈块状，即为失效。

（3）不能用金属器皿盛放本品。使用时，操作人员最好戴橡皮手套。

四、食盐

食盐（NaCl）能改变病原体的渗透压，使其脱水死亡。常用于蟹种消毒。

食盐对蟹苗的48小时最低致死浓度为1.6%，对蟹苗的安全浓度低于0.25%。浸泡蟹种的使用浓度为3%～4%，时间5分钟即可。

第二节 抗微生物药

抗微生物药是指对细菌、真菌、支原体和病毒等病原微生物具有抑制或杀灭作用的一类化学物质，分为抗菌药、抗病毒药、抗真菌药等，其中抗菌药物又可分为抗生素、合成抗菌药。本节重点对国家标准水产养殖用药物中的抗菌药的作用、应用等进行阐述。

抗菌药指用来治疗细菌性传染病的一类药物。抗菌药也是应用最广泛的一类化学治疗药。化学治疗（简称化疗）是直接作用于机体的病原体，如细菌、真菌、病毒以及寄生虫或癌细胞等所致疾病的药物治疗的统称。其所用的化学物质称为化学治疗药（简称化疗药）。化疗药的药理要研究机体、药物、病原微生物三者之间相互作用的规律，具体地说，是研究药物的治疗作用，即对病原体的抑制作用或杀灭作用，药物对机体的不良反应和病原体对药物产生的耐药性。当然也研究动物机体对药物的转化代谢过程。目前，化疗药发展很快，应用范围极为广泛，品种数量极多，在防治传染性疾病中具有十分重要的地位，其中以抗生素尤为突出。

（1）化疗指数　理想的化疗药应具备对动物宿主体内的病原体有高度的选择性。对宿主本身无毒性或低毒性。这样理想的药物并不存在。为表达药物对动物机体的毒性程度，可用动物实验测试的化疗指数作为估价标准。化疗指数＝半数致死量/半数有效量，化疗指数高表示药物安全范围大，但不表示药物绝对安全。青霉素的化疗指数高达 1000 以上，但可发生偶有的过敏性休克反应。

（2）抗菌谱　抗菌药对病原菌具有抑制或杀灭作用的范围称为抗菌谱。仅对革兰阳性菌或革兰阴性菌产生作用的称为窄谱抗生素，除对细菌具有作用外，对支原体、衣原体或立克次体等也具有抑制作用的称为广谱抗生素。许多半合成抗生素和人工合成的抗菌药均具有广谱抗菌作用。抗菌谱是临床选用抗菌药物的基础。

（3）抗菌活性　抗菌活性是指抗菌药抑制或杀灭病原菌的能力，不同种类抗菌药的抗菌活性有所差异，这也表明各种病原菌对不同的抗菌药物具有不同的敏感性。测定抗菌活性或病原菌敏感性一般是通过体外的方法进行测定。测定方法有稀释法（包括试管法、微量法、平板法等）和扩散法（如纸片法）等。稀释法可以测定抗菌药的最小抑菌浓度（MIC）和最小杀菌浓度（MBC），是一种比较准确的方法。扩散法比较简单，通过测定抑菌圈直径的大小来判定病原菌对药物的敏感性。这种方法应用比较广泛，但只能定性和半定量，由于影响结果的因素较多，故应力求做到材料和方法的标准化。临床选用抗菌药之前，一般应做药敏试验，以选择对病原菌最敏感的药物，取得预期最好的治疗效果。

根据抗菌活性的强弱，临床把抗菌药分为抑菌药和杀菌药，抑菌药是指仅能抑制病原菌生长繁殖而无杀灭作用的药物，如四环素类、酰胺醇类和磺胺类等。杀菌药是指具有杀灭病原菌作用的药物，如氨基糖苷类和氟喹诺酮类。但是，抗菌药的抑制作用和杀灭作用不是绝对的，有些抑菌药物在高浓度时也可表现为杀菌作用，而杀菌药在低浓度时也仅有抑菌作用。

（4）抗菌作用机理　临床应用的抗菌药物，包括抗生素和化学合成抗菌药物，必须对病原微生物具有较高的“选择性毒性作用”，但对患病动物不造成损害。这种选择性的毒性作用对于临床安全用药十分重要。研究并了解抗菌药物“选择性毒性”的作用机制，对于临床合理选用抗菌药物，新抗菌药物的研制开发和细菌耐药性的研究，均有重要意义。

抗菌药物的“选择性毒性”作用，主要来源于药物对于病原微生物某些特殊靶位的作用，根据主要作用靶位的不同，抗菌药物的作用机制可分为以下几种。

① 干扰细菌细胞壁的合成，使细菌不能生长繁殖。

② 损伤细菌细胞膜，破坏其屏障作用。

③ 影响细菌细胞蛋白质的合成，使细菌丧失生长繁殖的基础。

④ 影响核酸的代谢，阻碍遗传信息的复制。

⑤ 其他。

（5）耐药性　耐药性又称抗药性。病原微生物的耐药性分为天然耐药性和获得耐药性两种，前者属于细菌的遗传特性，例如绿脓杆菌对大多数抗生素均不敏感。获得耐药性，即通常所指的耐药性，是指病原菌在体内外反复接触抗菌药后产生了结构或功能的变异，成为对该抗菌药具有抗菌抗性的菌株，尤其在药物浓度低于MIC水平时更容易形成耐药菌株，对抗菌药的敏感性下降，甚至消失。某种病原菌对一种抗菌药产生耐药性后，往往对同一类的抗菌药也产生耐药性，这种现象称为交叉耐药性，例如，对一种磺胺类药物产生耐药性后，对其他磺胺类药物也都有耐药性，所以，在临床轮换使用抗菌药时，应选择不同类型的药物。病原菌对抗菌药产生耐药性是临床应用和食品安全的一个重要问题，不合理使用和滥用抗菌药是耐药性流行的重要原因。

（6）抗菌药物的规范使用　在选择抗菌药物类作为防治水生动物疾病的药物时，为了做到对症下药，应该注意以下几个方面。

① 依据药物的抗菌谱　从患病水产养殖动物体内分离出病原体，进行革兰染色和鉴定其种类后，根据不同药物的抗菌谱，就可以大体上明确何种抗菌药能治疗该种疾病，方法是从药物的抗菌谱中选择出对该种病原体比较敏感的几种抗菌药物。

② 感受性的测定　如果所选用的抗生素对某种致病菌没有抑制作用，使用后也就不会有好的治疗效果。但是，即使某种抗生素能抑制某种致病菌，同类致病菌的不同种类也会有较大的感受性差异。因此，为达到理想的治疗效果，筛选病原体敏感的抗生素作为水产养殖动物的治疗药物非常必要。目前，已发现从养殖现场分离出的有些水产养殖动物的致病菌对某些抗生素的敏感性已下降，说明病原菌已对这些抗生素产生了抗药性。

病原菌对药物的敏感性通常采用最小抑制浓度（MIC）表示。即每升培养液中的抗菌药物以毫克表示，做成倍比稀释系列，接种在培养基中的病原菌完全被抑制的最低浓度即为最小抑菌浓度。

③ 抗生素的作用方式　所使用的各种抗生素药物都是对细菌的细胞产生作用，而对水产养殖动物和人体细胞不会产生危害，这是因为药物具有选择性毒性。在选择抗生素类药物治疗水产养殖动

物疾病时，首先要了解这种药物的作用机理，其次要了解药物对病原菌是起抑制作用还是杀灭作用，这对确定药物的使用剂量和给药方式都非常重要。

药物对病原菌的抑制和杀灭作用机理有所不同。起抑制性作用的药物不会减少病原菌的数量，只有当药物在水产养殖动物体内以有效的浓度保持一定时间时，抑制病原菌的增殖，最终要靠养殖动物机体的免疫防御机能的作用使疾病痊愈；而具有杀菌作用的药物则是通过直接杀灭水产养殖动物体内的致病菌而直接产生治疗效果。

由于药物作用机理的不同，在使用具有抑菌作用的药物时，就必须使药物在水产养殖动物机体内保持一定的浓度和一定时间，需要准确计算初次用药剂量和再次用药的维持量；而使用杀菌药物时，则不必考虑药物在水产养殖动物体内的维持时间。一般将磺胺类和抗生素类药物定为抑菌性药物，当大剂量使用时也会显示杀菌效果。药物的杀菌作用和抑菌作用只是剂量上的差异，没有本质区别。

④ 正确联合使用抗菌药　目前已有多种很好的广谱抗菌药，一般情况下应用一种抗菌药便可达到治疗目的，不应轻易联合使用。但在严重的混合感染或病原体未明的危急病例，在用一种抗菌药无法控制病情时，在专业人员的指导下，可以适当联合用药，以求获得协同作用或扩大抗菌范围，但一般使用两种药物联合即可，没有必要合用三种以上抗菌药；不仅不能增强治疗作用，还可能使毒性增加。

一、抗生素

抗生素曾称抗菌素，是细菌、真菌、放线菌等微生物在生长繁殖过程中产生的代谢产物，在很低的浓度下即抑制或杀灭其他微生物的化学物质。主要采用微生物发酵的方法进行生产，如青霉素、四环素等；也有少数抗生素如甲砜霉素和氟苯尼考等可用化学方法合成。另外，把天然抗生素进行结构改造或以微生物发酵产物为前体生产了大量半合成抗生素，如头孢菌素等。除了具有抗微生物作用外，有的抗生素主要具有抗寄生虫作用，如阿维菌素类。

抗生素一般以游离碱的重量作效价单位计算，如链霉素、新霉素等，以1微克为一个效价单位，即1克为100万单位。但青霉素有特别规定，以青霉素钠盐0.6微克为一个国际单位（IU）。

在水产养殖中用得比较多一点的是四环素、酰胺醇类和氨基糖苷类。

1. 硫酸新霉素粉

【标准来源】中华人民共和国农业部公告第1435号（2010-07-30）附件2，第144～145页，编号：9108，9109。

【主要成分】硫酸新霉素。本品由硫酸新霉素与淀粉、无水葡萄糖与维生素C等配制而成。含硫酸新霉素按新霉素计算，应为标示量的90.0%～110.0%。

【性状】本品为类白色至淡黄色粉末。

【作用与用途】氨基糖苷类抗生素。用于治疗鱼、虾、河蟹等水产养殖动物由气单胞菌、爱德华菌及弧菌等引起的肠道疾病。

【药理作用】氨基糖苷类抗生素。新霉素通过抑制细菌蛋白质合成产生杀菌作用，对静止期细菌杀灭作用较强，为静止期杀菌药。新霉素抗菌谱主要为革兰阴性菌，对厌氧菌无效。

新霉素口服不吸收，主要用于肠道敏感菌所致的感染。

【用法与用量】按如下规格及其用法用量。

（1）100克：5克（500万单位）

拌饵投喂：鱼、河蟹、青虾每千克鱼体重5毫克（以新霉素计），即相当于每千克鱼体重用本品0.1克（按5%投饵量计，每千克饲料用本品2.0克）。每天1次，连用4～6天。

（2）100克：50克（5000万单位）

拌饵投喂：鱼、河蟹、青虾每千克鱼体重5毫克（以新霉素计），即相当于每千克鱼体重用本品0.01克（按5%投饵量计，每千克饲料用本品0.2克）。每天1次，连用4～6天。

【不良反应】按推荐剂量使用，未见不良反应。

【注意事项】长期使用，敏感菌易产生耐药性。

【休药期】500度日。

【规格】(1) 100克：5克 (500万单位)；(2) 100克：50克 (5000万单位)。

【贮藏】密封，在干燥处保存。

【有效期】2年。

【药效学】硫酸新霉素属氨基糖苷类抗菌药物，经主动转运通过细菌细胞膜，与细菌核糖体30S亚单位的特殊受体蛋白质结合，干扰信息核糖核酸与30S亚单位间形成起始复合物，使DNA发生错读，导致无功能蛋白质的合成，使多聚核糖体分裂，不能合成蛋白，大量氨基核糖苷类继续进入菌体，细菌细胞膜断裂，细菌死亡。

【使用指南】长期使用，细菌产生氨基糖苷类钝化酶，菌株易产生耐药性。

2. 甲砜霉素粉

【标准来源】中华人民共和国农业部公告第1435号 (2010-07-30) 附件2，第121～122页，编号：9098；《中华人民共和国兽药典·兽药使用指南 (化学药品卷)》(2010年版)，第364页。《兽药产品说明书范本》(第一册)，第32～33页。

【主要成分】甲砜霉素。本品由甲砜霉素与淀粉配制而成。含甲砜霉素 ($C_{12}H_{15}Cl_2NO_5S$) 应为标示量的90.0%～110.0%。

【性状】本品为白色粉末。

【作用与用途】抗生素类药。用于治疗淡水鱼、鳖等由气单孢菌、假单胞菌、弧菌等引起的出血病、肠炎病、烂鳃病、烂尾病、赤皮病等。

【药理作用】酰胺醇类抗菌药。甲砜霉素通过抑制细菌蛋白质合成产生抑菌作用，对革兰阴性菌和阳性菌均具有较强的抗菌活性。

【用法与用量】以本品计。拌饵投喂：一次量，每千克鱼、鳖体重 0.35 克（按 5%投饵量计，每千克饲料用本品 7.0 克），每天 2～3 次，连用 3～5 天。

【不良反应】高剂量长期使用对造血系统具有可逆性抑制作用。

【休药期】500 度日。

【规格】5%（100 克：5 克）。

【贮藏】遮光，密闭，在干燥处保存。

【有效期】2 年。

《中华人民共和国兽药典·兽药使用指南（化学药品卷）》（2010 年版）中“甲砜霉素粉”项的描述与农业部公告第 1435 号（2010-07-30）附件 2，第 121～122 页中的【适用病症】、【用法与用量】、【休药期】和【规格】等的不同点如下。

【适用病症】用于治疗鱼类细菌性败血症、肠炎及赤皮病等。

【用法与用量】以本品计。拌饵投喂：一次量，15 千克体重鱼 50 克，每天 1 次，连用 3～5 天。

【休药期】500 度日。

【规格】（1）10 克：0.5 克；（2）50 克：2.5 克；（3）100 克：5.0 克。

【药效学】甲砜霉素属酰胺类抗菌药，具有广谱抑菌作用，是氯霉素的衍生物，抗菌谱和抗菌作用与氯霉素相似。对革兰阳性菌和革兰阴性菌都有作用，但对革兰阴性菌的作用较革兰阳性菌强。对其敏感的革兰阴性菌有大肠杆菌、沙门菌和巴氏杆菌等。革兰阳性菌有链球菌、棒状杆菌、葡萄球菌等，对铜绿假单胞菌无效。

甲砜霉素能影响和抑制致病菌的生理代谢过程，通过与细菌体内核糖体 50S 亚基的结合，抑制肽酰基转移酶和肽链的延长，能特异地阻止 mRNA 与核糖体结合，阻断细菌蛋白质合成，具有较宽的抗菌谱，对衣原体、支原体、淋球菌均有极强的杀灭力，口服 2 小时能迅速达到血中的最高浓度，即刻渗透到病灶，发挥高效活性抗菌作用。

【药动学】本品内服吸收迅速而完全。吸收后在体内广泛分布于各种组织。主要以原形从尿中排泄。

【药物相互作用】

（1）大环内酯类和林可胺类与本品的作用靶点相同，均是与细菌核糖体50S亚基结合，合用时可产生拮抗作用。

（2）与β-内酰胺类合用时，由于本品的快速抑菌作用，可产生拮抗作用。

（3）对肝微粒体药物代谢酶有抑制作用，可影响其他药物代谢，提供血药浓度，增强药效或毒性，如可显著延长戊巴比妥钠的麻醉时间。

【不良反应】

（1）本品有血液系统毒性，虽然不会引起不可逆的骨髓再生障碍性贫血，但其引起的可逆性红细胞生成抑制却比氯霉素更常见。

（2）本品有较强的免疫抑制作用，约比氯霉素高6倍。

（3）长期内服可引起消化道机能紊乱，出现维生素缺乏或二重感染症状。

【使用指南】本品为肠炎病、烂鳃病专用药物。经多年试验证明，对鱼类的肠炎病、烂鳃病有很好的治疗效果。

【适用病症】

本品主要用于防治淡水鱼、虾、蟹、鳖、蛙等水产养殖动物由气单胞菌、假单胞菌、弧菌等引起的细菌性出血病、肠炎病、烂鳃病、烂鳍病、烂尾病、赤鳍病等。

（1）青鱼、草鱼、鲤、鲫、鳊、鳜、胡子鲶、乌鳢、斑点叉尾鮰、河豚、加州鲈、石斑鱼、大黄鱼、大菱鲆等鱼类的肠炎病、烂鳃病、出血病、赤皮病、竖鳞病、溃疡病、烂尾病、烂鳍病等细菌性疾病。

（2）虾、蟹、鳖、龟类的烂鳃病、肠炎病、出血性出血症、黄鳃病、水肿病、断肢、甲壳溃疡、腐甲、黑鳃病、红腿病等细菌性疾病。

【使用建议】

（1）由于水体环境和病原菌的复杂性，我们建议在内服本药时最好选择温和性水体消毒配合治疗。可选用溴氯海因、稀戊二醛溶液、二氧化氯等。

（2）水产养殖动物生病时的体质一般较弱，因此要配合本药服用增强体质的药品，可选用维生素C钠粉、肝胆利康散等，在拌料的时候，可以选用甜菜碱进行诱食。

（3）避免与磺胺类药物及四环素、喹诺酮类药物混合使用。

（4）本品可与10%的诺氟沙星、10%的盐酸多西环素粉等联合使用，增加杀菌效率，提高疗效。

（5）不宜高剂量长期使用。

（6）包装物用后集中销毁。

3. 氟苯尼考粉

【标准来源】中华人民共和国农业部公告第1435号（2010-07-30）附件2，第70～71页，《兽药产品说明书范本》（第一册），129-133。编号：9014。

【主要成分】氟苯尼考。本品由氟苯尼考与淀粉等适宜基质配制而成。含氟苯尼考（$C_{12}H_{14}C_{12}FNO_4S$），应为标示量的90.0%～110.0%。

【性状】本品为白色或类白色粉末。

【作用与用途】用于防治主要淡水、海水养殖鱼类由细菌引起的败血症、溃疡、肠道病、烂鳃病，以及虾红体病、蟹腹水病。

【药理作用】酰胺醇类抗菌药。氟苯尼考不可逆地结合细菌核糖体50S亚基的受体部位。阻断肽酰基转移，抑制肽链延伸，干扰蛋白质合成，而产生抗菌作用。对气单胞菌、弧菌、爱德华菌等均有较强的抗菌作用。

【用法与用量】以氟苯尼考计。拌饵投喂：每千克鱼体重，鱼、虾、蟹10～15毫克，即相当于每千克鱼体重用本品0.1～0.15克（按5%投饵量计，每千克饲料用本品2.0～3.0克），每天1次，连用3～5天。

【不良反应】高剂量长期使用对造血系统具有可逆性抑制作用。

【休药期】375度日。

【规格】10%（50克：5克）。《兽药产品说明书范本》（第一册)，第129～133页载有2%、5%、10%和20%的四种规格，均可用于防治鱼类学疾病。

【贮藏】密闭，在干燥处保存。

【有效期】2年。

【药效学】氟苯尼考属于酰胺醇类光谱抗菌药，对多种革兰阳性菌、革兰阴性菌及支原体等有较强的抗菌活性。氟苯尼考主要是一种抑菌剂，通过与核糖体50S亚基结合，抑制酞酰基转移酶，从而抑制酞链的延伸，干扰蛋白质合成。氟苯尼考在结构上以F原子取代了氯霉素、甲砜霉素中丙烷链3碳位置上的-OH，阻止了细菌乙酰转移酶在此位置上的乙酰化作用，故不受该酶影响而被灭活；而乙酰转移酶又与细菌经质粒介导的对氯霉素、甲砜霉素的耐药性有关，因此氟苯尼考不会产生类似氯霉素、甲砜霉素质粒介导的耐药性（Varma，*et al*，1986；Lobell，*et al*，1994；Soback，*et al*，1995)，而且对许多氯霉素耐药菌株仍然敏感。

氟苯尼考抗菌活性优于氯霉素和甲砜霉素，Graham（1998）报道氟苯尼考对临床分离的234株菌株的最小抑菌浓度（MIC）均低于氯霉素。氟苯尼考最初主要应用于水产养殖，日本用于治疗黄尾鰤的假结核性巴斯德菌病及链球菌病，挪威用于治疗自然暴发的大西洋鲑疖疮病效果显著。口服给药对黄尾鰤巴斯德菌感染，鳗迟钝性爱德华菌感染，金鱼鳗弧菌性感染，鲑杀鲑弧菌性感染均有良好的保护作用，疗效超过其他常用抗菌药物（邱银生等，1996)。

在8.5～11.5℃海水中，给鲑按10毫克/千克体重内服氟苯尼考，用整体自显影和体内闪烁计数法观察给药后3小时至56天鲑体内药物分布情况，药后3小时各器官和组织开始出现放射活性，给药后12小时最高（肾脏为3天)，以后逐渐衰减。氟苯尼考主要通过尿和胆汁排泄。氟苯尼考在鲑体内快速代谢，肌肉中氟苯尼考及其代谢产物总浓度的峰值为6.1微克，其中80%为原形药物。鲑鱼的消除半衰期为12.2小时，表现分布容积为1.12升/千克，清除率为0.086升/千克·小时。鲑内服10毫克/千克氟苯尼考的生物利用度高（96.5%），峰浓度为4.0微克/毫升，达峰时间10.3小时，单剂量内服后的有效血药浓度可维持36～40小时。

【药动学】氟苯尼考内服吸收迅速，约1小时后血液中可达到治疗浓度，1～3小时即可达峰值血药浓度。生物利用度达80%以上。氟苯尼考在动物体内广泛分布，能透过血脑屏障。主要原药随尿排出，少量随粪便排出。

【药物相互作用】

（1）大环内酯类和林可胺类与本品的作用靶点相同，均是与细菌核糖体50S亚基结合，合用时可产生相互拮抗作用。

（2）可能会拮抗青霉素类或氨基糖苷类药物的杀菌活性，但尚未在动物体内得到证明。

【使用指南】本品主要用于治疗海水、淡水鱼、虾、蟹等水产养殖动物的细菌性疾病，包括败血症、体表溃疡病、肠炎病、烂鳃病和虾蟹红体病等，效果独特。

【适用病症】

（1）用于防治青鱼、草鱼、鲢、鳙、大菱鲆、鮰、鲟、黄鳝、鳗、鳜等鱼类的暴发性出血病、败血症、烂鳃病、肠炎病、腹水病、溃烂病、赤皮病、打印病、竖鳞病、白尾病等细菌性疾病。

（2）用于防治虾、蟹等甲壳类的烂鳃病、肠炎病、甲壳附肢溃疡、白黑斑、红体病、烂眼病、断须等疾病。

（3）防治特种水产养殖动物的出血性肠道坏死病、腐皮病、鳖穿孔病、红底板病、红体病、疖疮病、肠胃炎、蛙出血病、红腿病、肝炎病、脑膜炎等疾病。

（4）防治螺、蚌的肠胃炎、烂斧足、蚌瘟等疾病。

【使用建议】

（1）可用于鳗鲡。

（2）鳗鲡的病原菌有30%对氟苯尼考存在耐药性；五倍子与氟苯尼考粉联用有协同作用（黄文树等，2011）；氟苯尼考粉与诺氟沙星、环丙沙星、氨苄西林、头孢拉定、头孢氨苄、链霉素、新霉素、庆大霉素等配伍，呈协同作用，增加杀菌效率，疗效增强；

与新霉素，盐酸多西环素、硫酸黏杆菌素、萝力素等配伍，疗效增强；和氨苄西林、头孢拉定、头孢氨苄等配伍，疗效降低；和卡那霉素、链霉素、喹诺酮类配伍，毒性增强；和维生素 B_{12} 配伍，会抑制红细胞生成。

（3）由于水体养殖环境和病原菌的复杂性，建议在内服本药时最好选择温和性水体消毒剂配合治疗。可选用溴氯海因、稀戊二醛溶液、二氧化氯、聚维酮碘溶液等。

（4）鱼、虾类生病时的体质一般较弱，因此要配合本药服用增强体质的药品，可选用维生素C钠粉等。

（5）避免与磺胺类药物及四环素、喹诺酮类药物混合使用。

（6）混拌后的药饵不宜久置。

（7）应妥善保管药品，以免造成人、畜误服。

（8）拌好的药饵不宜久置。

（9）不宜高剂量长期使用。

（10）使用后的废弃包装物要妥善处理。

4. 氟苯尼考预混剂

【标准来源】《中华人民共和国兽药典·兽药使用指南（化学药品卷）》（2010年版），第363页。

【主要成分】氟苯尼考。本品由氟苯尼考与乳糖等配制而成。

【性状】本品为白色粉末。

【适用病症】用于防治嗜水气单胞菌、副溶血弧菌、溶藻弧菌、链球菌等引起的感染。如鱼类细菌性败血症、溶血性腹水病、肠炎病、赤皮病等，也可以治疗虾、蟹类弧菌病、罗非鱼链球菌病等。

【用法与用量】以本品计。拌饵投喂：每千克体重鱼20毫克，每天1次，连用3～5天。

【注意事项】预混剂需先用食用油混合，之后再与饲料混合，为确保安全混匀，本产品需先与少量饲料混匀，再与剩余的饲料混合。使用后需用肥皂和清水彻底洗净配制饲料所用的设备。严禁儿童接触本品。

【休药期】375度日。

【规格】50%。

二、合成抗菌药

抗菌药除了上述抗生素外，还有许多人工合成的药物，在防治动物疾病方面起着重要作用。

合成抗菌药物可分为五类：磺胺类；喹诺酮类；喹噁啉类；硝基呋喃类；硝基咪唑类。这五类药物中，目前应用最多的是磺胺类与喹诺酮类，喹噁啉类的卡巴氧、喹乙醇由于有潜在的致癌作用，欧洲、美洲许多国家已禁止食品动物使用。硝基呋喃类中很多药物由于也被发现有致癌作用，世界大多数国家包括我国均已禁止作为促生长添加剂使用。

1. 烟酸诺氟沙星预混剂

【标准来源】中华人民共和国农业部公告第1435号（2010-07-30）附件2，第176～177页，编号：9083。

【主要成分】烟酸诺氟沙星。本品由烟酸诺氟沙星与酵母粉配制而成。含烟酸诺氟沙星，以诺氟沙星（$C_{16}H_{18}FN_3O_3$）计，应为标示量的90.0%～110.0%。

【性状】本品为淡黄棕色粉末。

【作用与用途】抗菌药。用于治疗鱼、虾、蟹、鳖等水产养殖动物由细菌感染引起的出血病、肠炎病、赤皮病、烂鳃病、体表溃疡病、竖鳞病、白云病等。

【药理作用】氟喹诺酮类药。诺氟沙星通过抑制细菌的DNA旋转酶，干扰细菌DNA的复制、转录和修复重组，致使细菌不能正常生长繁殖而死亡。诺氟沙星具有广谱抗菌作用，对革兰阳性菌、革兰阴性菌均有较强的抗菌活性。

【用法与用量】以诺氟沙星计。拌饵投喂：每千克体重鱼、虾、蟹15～20毫克；鳖20～30毫克。每天1次，连用3～5天。

【不良反应】按推荐剂量使用，未见不良反应。

【休药期】500度日。

【规格】10%。

【贮藏】遮光，密闭，在干燥处保存。

【有效期】2年。

【药效学】烟酸诺氟沙星对革兰阳性菌有极强的杀菌作用。口服后迅速吸收，组织分布良好，在肝、肾、胰、脾、淋巴结等组织中的浓度，均高于血液中的浓度，并可渗入各种渗出液中，但在脑组织和骨组织中浓度低。

【使用指南】

（1）均匀拌饵投喂。

（2）避免与含阳离子（Al^{3+}、Mg^{2+}、Ca^{2+}、Fe^{2+}、Zn^{2+}）的药物或饲料添加剂同时内服。

（3）禁与甲砜霉素、氟苯尼考等有拮抗作用的药物配伍。主要用于鱼、虾、蟹、鳖等细菌性疾病的治疗，如出血病、肠炎病、赤皮病、烂鳃病、体表溃疡病、竖鳞病、白云病等。

2. 诺氟沙星盐酸小檗碱预混剂

【标准来源】中华人民共和国农业部公告第1435号（2010-07-30）附件2，第153～155页，编号：9061；中华人民共和国农业部公告第1960号（2013-06-24）；《兽药国家标准（化学药品、中药卷）第一册》，第9～10页。

【主要成分】诺氟沙星、盐酸小檗碱。本品由诺氟沙星、盐酸小檗碱与淀粉配制而成。含诺氟沙星（$C_{16}H_{18}FN_3O_3$），应为标示量的90.0%～110.0%。

【处方】

	（鳗用）	（鳖用）
诺氟沙星	90克	25克
盐酸小檗碱	20克	8克
淀粉	适量	适量
制成	1000克	1000克

【性状】本品为淡黄色粉末。

【作用与用途】抗菌药。用于治疗养殖鱼类由弧菌、嗜水气单胞菌、柱形黄杆菌、爱德华菌等引起的出血病、烂鳃病、肠炎病、腹水病、败血症（中华人民共和国农业部公告第1435号）。

用于鳗嗜水气单胞菌与柱状杆菌引起的赤鳃病与烂鳃病；用于鳖红脖子病，烂皮病（中华人民共和国农业部公告第1960号）。

【药理作用】抗菌药。诺氟沙星通过抑制细菌的DNA旋转酶，干扰细菌DNA的复制、转录和修复重组，致使细菌不能正常生长繁殖而死亡。诺氟沙星具有广谱抗菌作用，对革兰阳性菌、革兰阴性菌均有较强的抗菌活性。

【用法与用量】以诺氟沙星计。拌饵投喂：一次量，每千克体重鱼15～20毫克。每天1次，连用3天（农业部公告第1435号）。

按本品计算。混饲，每1000千克饲料，鳗15千克，连续饲喂3天；鳖15千克（农业部公告第1960号）。

【不良反应】按推荐用法使用，未见不良反应。

【休药期】500度日。

【规格】鱼用1000克：诺氟沙星9克+盐酸小檗碱2克；鳖用1000克：诺氟沙星25克+盐酸小檗碱8克。

【贮藏】密闭，在阴凉处保存。

【有效期】2年。

【药效学】诺氟沙星具广谱抗菌作用。盐酸小檗碱抗菌谱广，体外对多种革兰阳性菌及革兰阴性菌均具抑制作用。

【使用指南】本品经多年试验证明，可以用于治疗和预防鱼、虾、蟹等水产养殖动物的各细菌性疾病，对虾、蟹类的肠炎、烂鳃病、甲壳溃疡病等疾病有独特疗效。

【适用病症】

(1) 虾蟹类的肠炎病、烂鳃病、黑鳃病、黄鳃病、烂眼病、烂肢病、甲壳附肢溃疡病、水肿病、白斑病、红腿病、蜕壳不遂等疾病。

(2) 鱼类的肠炎病、烂鳃病。

(3) 鳖的腐甲病等。

【使用建议】

(1) 均匀拌饵投喂。

（2）避免与含阳离子（Al^{3+}、Mg^{2+}、Ca^{2+}、Fe^{2+}、Zn^{2+}）的药物或饲料添加剂同时内服。

（3）禁与甲砜霉素、氟苯尼考等有拮抗作用的药物配伍。

（4）在内服本药时应选择溴氯海因、稀戊二醛溶液、二氧化氯、聚维酮碘溶液等温和型消毒剂消毒池水。

（5）水产养殖动物生病时的体质一般较弱，需要配合服用其他增强的药品，如维生素C钠粉等。

（6）不得与氟苯尼考粉、甲砜霉素、四环素、利福平等药物配伍使用。

（7）不得在镀锌桶或铁桶中配制溶液，否则药效降低。

（8）本品配合使用复方磺胺甲噁唑粉，可以起到增效作用。

3. 氟甲喹粉

【标准来源】《中华人民共和国兽药典·兽药使用指南（化学药品卷）》（2010年版），第359页；中华人民共和国农业部公告第1960号（2013-06-24）；《兽药国家标准（化学药品、中药卷）第一册》，第9～10页。

【主要成分】氟甲喹。本品为氟甲喹与适宜辅料配制而成。含氟甲喹（$C_{14}H_{12}FNO_3$）应为标示量的90.0%～110.0%。

【性状】本品为白色或类白色粉末。

【作用与用途】主要用于鱼、虾、蟹、鳖气单胞菌引起的多种细菌性疾病，如出血病、烂鳃病、肠炎等。

【药理作用】氟甲喹抗菌剂，为第二代喹诺酮类药物，对革兰阴性菌有较强的抗菌活性，敏感菌包括大肠杆菌、沙门菌、巴氏杆菌、变形杆菌、克雷伯菌、铜绿假单胞菌、鲑单胞菌和鳗弧菌等。对支原体也有一定效果。

本品抗菌作用机制为抑制细菌DNA回旋酶，而使细菌细胞不再分裂，它对细菌显示选择性毒性，抗菌作用为杀菌性。

本品内服吸收良好，在体内代谢广泛，仅3%～6%的药物以原形从尿液中排出。

【用法与用量】按氟甲喹计算，拌饵投喂鱼，每100千克体重

2.5～5.0 克，每天 1 次，连用 3～5 天。

【不良反应】按规定剂量未见不良反应。

【休药期】500 度日 [《兽药国家标准（化学药品、中药卷）第一册》，第 9～10 页标示为鱼 175 度日]。

【规格】(1) 100 克：氟甲喹 10 克；(2) 50 克：5 克；(3) 10 克：1 克 [《兽药国家标准（化学药品、中药卷）第一册》，第 9～10 页标示为 10%]。

【贮藏】遮光，密封，在干燥处保存。

【有效期】2 年。

【药效学】氟甲喹通过抑制细菌核酸的合成，阻止细菌 DNA 复制达到杀菌的效果。用于水产养殖动物的大肠杆菌病，单孢菌属和弧球菌属病，嗜水气单胞菌有强烈的抑制作用。

【用药指南】

(1) 请将此药放在儿童不能接触的地方。

(2) 本品的水溶液遇光易变色分解，应避光保存。

(3) 抗菌活性稍强于噁喹酸，对噁喹酸敏感或耐药的细菌都有更好的作用，略高于 MIC 的浓度即具有杀菌活性。

(4) 在海水养殖鱼类比噁喹酸有更好的生物利用度，耐药突变频率更低。

三、抗微生物中药制剂

1. 三黄散

【标准来源】中华人民共和国农业部公告第 1435 号（2010-07-30）附件 2，第 33～34 页，编号：9213。

【处方】黄芩 30 克，黄柏 30 克，大黄 30 克，大青叶 10 克。

【制法】以上 4 味，粉碎，过筛，混匀，即得。

【性状】本品为黄色至黄棕色或黄绿色的粉末；气微香，味苦。

【功能】清热解毒。

【主治】细菌性败血症、烂鳃、肠炎和赤皮病。

【用法与用量】拌饵投喂，每千克体重鱼 0.5 克，连用 4～

6天。

【不良反应】尚未见不良反应。

【贮藏】密闭，防潮。

【有效期】2年。

【使用指南】本品可用于治疗水产养殖动物的细菌性疾病，用于细菌性出血性败血症、烂鳃病、肠炎病、赤皮病均有很好的治疗效果。

【适用病症】

（1）淡水鱼类的细菌性败血症、暴发性出血病、细菌性肠炎病、烂鳃病、赤皮病、打印病、白尾病、腹水病、体表溃烂病、肝胆综合征等疾病。

（2）真鲷、罗非鱼、鳗鲡、狒形目等海水鱼类的疽疮病、红点病、赤鳍病等。

（3）虾、蟹类的烂鳃病、肠炎病、甲壳溃疡病、烂肢病等。

【使用建议】

（1）内服本品时，需结合外用各种水体消毒剂如戊二醛溶液、二氧化氯、溴氯海因粉等。

（2）水产养殖动物生病时的体质一般较弱，因此要配合服用其他增强鱼类体质的药品，如维生素C钠粉等。

（3）药物饵料中可以添加盐酸甜菜碱预混剂作为诱食剂。

2. 五倍子末

【标准来源】中华人民共和国农业部公告第1435号（2010-07-30）附件2，第39～40页，编号：9218。

本品为五倍子经加工制成的散剂。

【性状】本品为灰褐色或灰棕色粉末；气特异，味涩。

【功能】敛疮止血。

【主治】水产养殖动物水霉病、鳃霉病。

【用法与用量】拌饵投喂，一次量，每千克体重水产养殖动物0.1～0.2克，每天3次，连用5～7天。

泼洒，每立方米水体水产养殖动物0.3克，连用2天。浸浴，每立方米水体水产养殖动物 2～4 克，浸 30 分钟。

【不良反应】尚未见不良反应。

【贮藏】密闭，防潮。

【有效期】2 年。

【药效学】五倍子所含的鞣酸具有收敛作用：由于鞣酸对蛋白质有沉淀作用，皮肤、黏膜、溃疡接触鞣酸后，其组织蛋白质即被凝固，造成一层被膜而呈收敛作用，同时小血管也被压迫收缩，血液凝结而呈止血功效，使机体组织康复，水霉菌等无法着生。

【使用指南】本品为水产养殖动物水霉病、鳃霉病的专用药物，对于水霉病、鳃霉病等真菌性疾病有很好的疗效。

【适用病症】

（1）鱼、虾、蟹等水产养殖动物由真菌、霉菌引起的各种鳃霉病、水霉病。

（2）各种鱼、虾、蟹类的细菌性烂鳃病、肠炎病、体表溃疡病、痘疮病、竖鳞病、白尾病等。

【使用建议】

（1）本品配合其他的抗血、止血药物、消毒药物（如溴氯海因粉、戊二醛溶液）使用，对鱼类的各种出血病的治疗，效果很好。

（2）本品切忌与以生物碱为主要成分的药物配伍使用，否则药物作用相互抵消。

（3）本品配合维生素 C 钠粉等，可以有效控制和减少鱼类由于拉网、出鱼等产生的各种应激反应，保持鱼体活力，增强其体色。

（4）本药物可以增强常规水产养殖动物越冬期间的抵抗力，并有增强鱼体色泽的效果。

（5）本品对于皮肤黏膜溃疡、腐烂有良好的收敛作用。

3. 板蓝根末

【标准来源】中华人民共和国农业部公告第 1435 号（2010-07-30）附件 2，第 3～4 页，编号：9222。

【制法】取板蓝根，粉碎，过筛，即得。

【性状】本品为灰黄色至棕黄色的粉末；味微甜后苦涩。

【功能】清热，解毒，凉血。

【主治】细菌性肠炎病、烂鳃病和败血症。

【用法与用量】拌饵投喂，每千克鱼体重0.5～1克，连用3～5天。

【不良反应】尚未见不良反应。

【贮藏】密闭，防潮。

【有效期】2年。

【药效学】板蓝根具有显著的抗菌抗病毒、解毒与提高免疫力的作用。

【使用指南】本品主治鱼类细菌性肠炎病、烂鳃病和败血症，然而它也可以用于治疗虾类细菌性疾病、病毒性疾病，对于对虾白斑综合征病毒病、桃拉红体病毒病、红腿病、红尾病有独特的防治效果。被称为防治对虾疾病的专用药物。

【适用病症】

本品不仅主治鱼类细菌性肠炎病、烂鳃病和败血症，还可用于对虾病毒病的防治。预防和治疗由杆状病毒引起的南美白对虾、罗氏沼虾、斑节对虾、中国对虾、长毛对虾。日本对虾、南美蓝对虾、刀额新对虾及淡水虾等虾类的白斑综合征病毒病、红体病毒病、杆状病毒病、黄头病、红腿病以及与之伴随的肝脏病坏死病、肠炎病、烂鳃病、丝状菌病、肌肉白浊病等暴发性流行病。

【使用建议】

(1) 本品应与消毒药物配合使用，外用水体消毒时可选用溴氯海因粉、戊二醛、二氧化氯等消毒剂。

(2) 虾类生病时的体质一般较弱，因此要配合服用其他增强虾类体质的药品，可选用维生素C钠粉、肝胆利康散等。

(3) 本品拌料投喂可以提高幼苗尤其是幼虾、鱼苗的成活率等；拌饵料时，可使用盐酸甜菜碱预混剂作诱食剂。

(4) 鉴于虾类病毒性流行病不能及时进行早期预防，故在生病季节应该及早用药、不要间断。

【使用经验】

（1）虾、蟹类肠炎病　将本品（按饲料量1%添加）与氟苯尼考粉（按饲料量0.2%添加）混合均匀拌料，每天投喂2次，连用3～5天，同时结合外用稀戊二醛溶液200毫升/(亩·米)，全池泼洒。

（2）虾、蟹烂鳃病　将本品（按饲料量1%添加）与诺氟沙星盐酸小檗碱预混剂（按饲料量1%添加）及可选用维生素C钠粉（按饲料量0.5%添加）混合拌料，每天投喂2次，连用3～5天，同时结合外用稀戊二醛200毫升/（亩·米），全池泼洒，隔天再用1次。

4. 虎黄合剂

【标准来源】中华人民共和国农业部公告第1435号（2010-07-30）附件2，第16～18页，编号：9228。

【处方】虎杖375克，绵马贯众250克，黄芩225克，青黛150克。

【制法】以上4味，虎杖、绵马贯众、黄芩粉碎成粗粉，加入青黛，用70%乙醇加热回流提取2次，每次2小时，滤过，合并滤液，浓缩回收乙醇，浓缩液加水调至1000毫升，滤过，灭菌，即得。

【性状】本品为棕褐色至棕红色液体；味苦，微辛。

【功能】清热解毒。

【主治】嗜水气单胞菌感染。

【用法与用量】拌饵投喂，每千克蟹体重0.25～0.5毫升，连用7天。

【不良反应】尚未见不良反应。

【贮藏】密封，置阴凉处。

【有效期】2年。

5. 根莲解毒散

【标准来源】中华人民共和国农业部公告第1435号（2010-07-

30）附件 2，第 15～16 页，编号：9234。

【处方】板蓝根 160 克，穿心莲 160 克，鱼腥草 160 克，大青叶 120 克，甘草 80 克，蒲公英 80 克，黄芪 70 克，陈皮 60 克，山楂 60 克。

【制法】以上 9 味，粉碎，过筛，混匀，即得。

【性状】本品为青灰色的粉末。气微香，味微苦。

【功能】清热解毒。

【主治】细菌性败血症、赤皮病和肠炎。

【用法与用量】每千克饲料鱼、虾、蟹 5～10 克，连用 5～10 天。

【不良反应】尚未见不良反应。

【贮藏】密闭，防潮。

【有效期】2 年。

6. 穿梅三黄散

【标准来源】《中华人民共和国兽药典　二部》（2010 年版），第 636 页；中华人民共和国农业部公告第 1435 号（2010-07-30）附件 2，第 7～8 页，编号：9245。

【处方】大黄 250 克，黄芩 150 克，黄柏 50 克，穿心莲 25 克，乌梅 25 克。

《中华人民共和国兽药典　二部》（2010 年版），第 636 页标示的"【处方】大黄 50 克，黄芩 30 克，黄柏 10 克，穿心莲 5 克，乌梅 5 克"，即是中华人民共和国农业部公告第 1435 号中的处方各量的 1/5。

【制法】以上 5 味，粉碎，过筛，混匀，即得。

【性状】本品为灰黄色粉末；气微香，味微苦。

【功能】清热解毒。

【主治】细菌性败血症、肠炎病、烂鳃病与赤皮病。

【用法与用量】拌饵投喂，每千克鱼体重 0.6 克（按 5%投饵量计，每千克饲料用本品 12.0 克），连用 3～5 天，必要时 15 天后重复给药。

【不良反应】按规定剂量使用，暂未见不良反应。

【贮藏】密闭，防潮。

【有效期】2 年。

【使用指南】本品可用于治疗由细菌、病毒引起的鱼类疾病，对于各种暴发性出血病、病毒性出血病及各种应激性出血病有独特效果。

【适用病症】

（1）鲫、鳊、鲤、鲢、鳙、草鱼的肠道出血、口腔出血、肌肉出血、体表出血、鳍基出血、病毒性出血病、应激性出血病（拉网、过塘、出鱼等）等暴发性出血病。

（2）鳜、鳗、大菱鲆等特种鱼类的暴发性肌肉出血、胃出血、口腔出血、病毒性出血、细菌性烂鳃、肠胃炎、烂尾病等疾病。

（3）虾、蟹类的红体病、颤抖病、肝胆综合征。

【使用建议】

（1）内服本品时，需结合外用各种水体消毒剂如戊二醛溶液、聚维酮碘溶液、二氧化氯、苯扎溴铵溶液等。

（2）鱼类生病时的体质一般较弱，因此要配合服用其他增强鱼类体质的药品，如维生素 C 钠粉、肝胆利康散、亚硫酸氢钠甲萘醌粉等。

（3）药物饵料中，添加盐酸甜菜碱预混剂作为诱食剂，可以有效地提高饲料利用率。

7. 银翘板蓝根散

【标准来源】中华人民共和国农业部公告第 1435 号（2010-07-30）附件 2，第 40～41 页，编号：9248。

【处方】板蓝根 260 克，金银花 160 克，黄芪 120 克，连翘 120 克，黄柏 100 克，甘草 80 克，黄芩 60 克，茵陈 60 克，当归 40 克。

【制法】以上 9 味，粉碎，过筛，混匀，即得。

【性状】本品为棕黄色粉末；气香，味苦。

【功能】清热解毒。

【主治】对虾白斑病，河蟹颤抖病。

【用法与用量】拌饵投喂，每千克体重对虾、河蟹 0.16～0.24 克（按 5%投饵量计，每千克饲料用本品 3.2～4.8 克），连用 4～6 天。

【不良反应】尚未见不良反应。

【贮藏】密闭，防潮。

【有效期】2 年。

第三节　杀虫驱虫药物

杀虫驱虫药是指能杀灭水生动物体内外寄生虫的生长和繁殖的物质，分为抗蠕虫药、抗原虫药和杀甲壳动物药和除害药。

由于对寄生虫的生理生化功能和细胞生物学的知识了解得还不是很多，故对抗寄生虫的药物主要是影响寄生虫的细胞物质转运、代谢、神经肌肉信息传递和生殖系统功能等。由于有些寄生虫的细胞结构、代谢酶、代谢过程和神经递质等与宿主存在某些相同或相似之处，因而使得部分抗寄生虫药具有选择性差或安全范围窄的缺点，使用时应特别注意剂量的准确性和不良反应的发生。而有些药物对寄生虫的作用途径与宿主不是彼此共有的生化系统时，则药物通常是安全的。

水生动物的寄生原虫是由单细胞原生动物所引起的一类寄生虫，其种类繁多，流行广泛，危害严重。原生动物可侵染水生动物各器官组织，即可体内寄生，也可体外寄生，根据给药的途径，抗原虫药有外用药和内服药两种。外用药主要杀灭寄生于水生动物的鳃和体表的各种原虫，如硫酸锌、硫酸亚铁等；内服药主要是驱杀寄生于水生动物体内实质器官的原虫，如寄生于鱼肠壁组织的艾美虫，鳗鲡躯干骨骼中的鳗匹里虫，鲢神经系统与感觉器官内的鲢碘泡虫等，对于这部分原虫病，目前尚无较多有效的治疗药物，仅仅通过一些内服药物，如盐酸左旋咪唑、盐酸氯苯胍等进行早期预防。

硫酸锌粉

【标准来源】中华人民共和国农业部公告第 1435 号（2010-07-30）附件 2，第 141～142 页，编号：9051。

【主要成分】七水硫酸锌。本品由硫酸锌与沸石粉配制而成。含硫酸锌（$ZnSO_4 \cdot 7H_2O$）应为标示量的 90.0%～110.0%。

【性状】本品为类白色至淡黄色的粉末。

【作用与用途】杀虫剂。用于杀灭或驱除河蟹、虾类等水产养殖动物的固着类纤毛虫。

【药理作用】重金属盐类杀虫剂。硫酸锌在水中生成的锌离子与虫体细胞的蛋白质结合成蛋白盐，使其沉淀；另外，锌离子容易与虫体细胞酶的巯基相结合，巯基为此酶的活性基团，当与锌离子结合后就失去作用。

【用法与用量】以本品计。用水稀释后，全池遍洒。治疗，一次量，每立方米水体 0.75～1 克 [每亩水体（水深 1 米）用本品 500～667 克]，每天 1 次，病情严重可连用 1～2 次；预防，每立方米水体 0.2～0.3 克，每 15～20 天 1 次。

【休药期】500 度日。

【规格】60%。

【贮藏】密闭保存。

【有效期】2 年。

【药效学】七水硫酸锌粉对淡水青虾、罗氏沼虾、河蟹的急性毒性试验结果表明，七水硫酸锌粉对罗氏沼虾的 96 小时 LD_{50}（半致死量）为 19.15 毫克/升，安全浓度为 1.92 毫克/升；对淡水青虾 96 小时 LD_{50} 为 17.86 毫克/升，安全浓度为 1.79 毫克/升；对河蟹 96 小时 LD_{50} 为 21.89 毫克/升，安全浓度 2.19 毫克/升。七水硫酸锌粉作为外用杀虫剂，在水产养殖生产中的防治用量为 1.0 毫克/升。

【药物相互作用】大剂量锌可抑制肠道中铜的吸收。如果必须同时补充铜和锌，两者给药间隔不低于 2 小时。青霉胺和熊去氧胆酸可替代抑制锌的吸收，但临床意义尚不清楚。锌盐可与口服四环素螯合并降低其吸收，两者给药间隔至少为 2 小时。锌盐可降低某些氟喹诺酮类药物的吸收（恩诺沙星）。不得与碱性药物一起使用，否则会使其分解。

表 7-1 硫酸锌在水中的溶解度 单位：克/100 毫升水

温度/℃	0	10	20	30	40	60	80	90	100
$ZnSO_4$	41.6	47.2	53.8	61.3	70.5	75.4	71.1		60.5
$ZnSO_4 \cdot 7H_2O$		54.4	60.0	65.5					

引自：Lange's Handbook of Chemistry. 13th ed. New York（USA）：Mcgraw Hill Book Company，1985. 4-130，10-21.

【使用指南】本品为外用驱杀虫药物，对水产养殖动物的固着类纤毛虫有较强的驱杀作用。

【适用病症】

（1）杀灭虾、蟹等水产养殖动物体表的杯体虫、聚缩虫、独缩虫、累枝虫、钟形虫、间隙虫等固着类纤毛虫。

（2）杀灭虾、蟹等甲壳动物体表或鳃上的原生动物和丝状藻类。

【使用建议】

（1）本品专用于虾、蟹养殖池塘，其他水产养殖动物慎用。

（2）扣蟹、仔蟹用量减半，蜕壳期慎用。

（3）水产养殖动物体表既有固着类纤毛虫又有丝状藻类及污物附着时，最好隔天再用一次，效果更好。

（4）治疗时，同时内服维生素 C 钠粉和蜕壳素，效果更好。

（5）禁用于鳗鲡。

（6）虾蟹幼苗期及蜕壳期慎用。

（7）高温低压气候注意增氧。

（8）水过肥，换水后使用效果明显。

（9）同时有丝状藻类、污物附着时，隔天重复使用一次。

（10）使用后及时并长时间全池增氧。

第四节　消毒药物

消毒药主要指用于杀灭微生物的药物，主要用于环境、栏舍、动物排泄物、用具和器械等非生物表面的消毒。

消毒药物种类繁多，常用药物有醇类、醛类、卤素类、氧化物、季铵盐类、金属化合物和染料等，但其作用机理主要是通过以下几种方式而发挥杀菌作用。

(1) 使菌体蛋白变性、沉淀　故称“一般原浆毒”，适用于环境消毒，如醇类、醛类、重金属盐类等。

(2) 改变菌体细胞膜的通透性　表面活性剂等的杀菌作用是通过降低菌体的表面张力，增加菌体细胞的通透性，从而细胞内酶和营养物质漏失，水则向菌体内渗入，使菌体溶解和破裂。

(3) 干扰或损害细菌生命必需的酶系统　当消毒药的化学结构与菌体内的代谢物相似时，可与酶竞争性或非竞争性的结合，抑制酶的活性，导致菌体的抑制或死亡；也可通过氧化、还原等反应损害酶的活性基团，如氧化剂的氧化、卤化物的卤化等。

影响消毒药作用的因素有以下几种。

(1) 病原微生物种类　不同种类的细菌和处于不同状态的微生物，对消毒药的敏感性不同。

(2) 浓度和作用时间　当其他条件一致时，消毒药物的杀菌效力一般随其浓度和作用时间的增加而增强。

(3) 温度　消毒药物的抗菌效果随环境温度的升高而增强，即温度越高，杀菌力越强。

(4) pH　环境或组织的 pH 对某些消毒药作用的影响较大，如含氯消毒剂作用的最佳 pH 为 5～6。

(5) 有机物的存在　消毒环境中的粪、尿等或创伤上部分的脓血、体液等有机物的存在，会影响抗菌效力。

(6) 水质　硬水中的钙离子和镁离子可与季铵盐类等结合，形成不溶性盐类，从而降低其抗菌效力。

本类药物多按其化学结构和作用分类。可分为醇类、醛类、卤素类、氧化物、季铵盐类、金属化合物和染料类等。在水产养殖中使用较多的主要为卤素类、氧化物、季铵盐类。

一、醛类

1. 浓戊二醛溶液

【标准来源】中华人民共和国农业部公告第1435号（2010-07-30）附件2，第148～150页，编号：9073。

【主要成分】戊二醛。本品为戊二醛的水溶液。含戊二醛（$C_5H_8O_2$）应为标示量的95.0%～105.0%。

【性状】本品为淡黄色的澄清液体；有刺激性特臭。本品能与水或乙醇任意混合。

【作用与用途】消毒防腐药。用于水体消毒，防治水产养殖动物由弧菌、嗜水气单胞菌、爱德华菌等引起的细菌性疾病。

【药理作用】醛类消毒剂。通过烷基化反应使菌体蛋白变性，酶和核酸等的功能发生改变，从而呈现杀菌作用。

【毒性】福尔马林是40%甲醛的水溶液，具有强烈刺激性气味，能凝固蛋白和溶解脂类，使蛋白变性，具有强大的广谱杀菌和杀虫作用。

福尔马林既可以作为杀菌消毒剂，还可以作为杀虫剂，生产上一般以每立方米水体10～30克终浓度全池泼洒进行鱼类病害防治，以每立方米水体15～20克终浓度全池泼洒进行虾蟹病害防治。可以作为中华倒刺鲃幼鱼、双锯鱼稚鱼、暗纹东方鲀水花、网纹石斑鱼、苏丹鱼、罗氏沼虾幼虾、罗氏沼虾仔虾、罗氏沼虾虾苗、赤眼鳟、倒刺鲃鱼苗、广东鲂、海南红鲌、湖白鲑幼鱼、黄姑鱼、锦鲤、月鳢、美洲鳗、南方大口鲶鱼苗、西施舌稚贝、双棘黄姑鱼、澳洲宝石鲈稚鱼、金鱼、银鲈、杂交鲟稚鱼等水产动物的杀菌消毒药，毒性较小。甲醛浓度在11.3克/米^{3}时，对九孔鲍面盘幼虫发育无影响，可连续使用，并能提高其存活率；甲醛对脊尾白虾各期溞状幼体（Z_1～Z_6）的安全浓度分别为30毫克/升、32毫克/升、

11 毫克/升、4 毫克/升、9 毫克/升、7 毫克/升，因此使用甲醛防治聚缩虫等病，在 Z_4 期前是安全的浓度，Z_5、Z_6 期使用时间太长可能是不安全的。

由于丁鲹鱼种、唐鱼、方斑东风螺面盘幼虫、长吻鮠苗种、淇河鲫、翘嘴红鲌等水产动物的安全浓度小于常用剂量或相近，谨慎使用或不宜使用。曾有人在海参养殖中使用福尔马林，导致海参全部化皮死亡，因此在海参养殖过程中应禁止使用。

福尔马林在生产上作为遍洒药物用量大，经济上不划算，一般用作防治鱼病的浸洗药物，可以用于细鳞鱼鱼种、河鲶、金鱼、黄颡鱼鱼种等水产动物，防治鱼病较为安全。

【用法与用量】以戊二醛计。用水稀释 300～500 倍后，全池遍洒。治疗，一次量，每立方米水体 40 毫克，每 2～3 天 1 次，连用 2～3 次；预防，每立方米水体 40 毫克，每隔 15 天 1 次。

【不良反应】按推荐剂量使用，未见不良反应。

【休药期】500 度日。

【规格】20%。

【贮藏】密封，在阴凉处保存。

【有效期】2 年。

【药效学】戊二醛对革兰阳性菌和革兰阴性菌均具有迅速的杀灭作用，对细菌芽孢有缓慢杀菌作用。水溶液在 pH 为 7.5～8.5 时，抗菌效果最佳，该溶液在 14 天内可保持其化学稳定性。本品溶液 pH 值较低时更稳定。

【使用指南】本品经多年临床使用经验表明，用于治疗鱼、虾、蟹等水产养殖动物的各种细菌性疾病，尤其对腐皮病、溃烂病、打印病效果极佳。

【适用病症】

（1）鳗、鲷、黄鳝、黄鱼、加州鲈、鳜鱼、石斑、大菱鲆、青鱼、草鱼、鲢、鳙、鲤、鲫、鳊等鱼类：败血症、烂鳃病、肠炎病、赤鳍病、溃烂病、疖疮病、烂尾病、烂嘴病、赤皮病、打印病、脱黏病。

（2）虾、蟹等：甲壳病、烂鳃病、肠炎病、甲壳附肢溃疡、白黑斑病、褐斑病、荧光病、烂眼病、上岸不下水症、蜕壳不遂症。

（3）鳖、龟：出血病、鳃腺炎、穿孔病、腐皮病、疖疮病、红底板病、白点病、红脖子病、白底板病等。

（4）各种养殖贝类：肠胃炎、烂鳃病、烂斧足、蚌瘟、外套膜溃烂等疾病。

（5）蛙类：出血病、肠炎病、腐皮病、红腿病、歪头病、白眼病、烂尾病、脑膜炎等疾病。

【使用建议】

（1）使用本品治疗细菌病毒性疾病时应根据不同症状配合不同内服药物，如维生素C钠粉、肝胆利康散、甲砜霉素等。

（2）使用本品后，可能降低水体的有效溶解氧含量，注意用后对池水进行增氧。

（3）与季铵盐溶液混合后，消毒杀菌效果更佳。

（4）勿与强碱类物质混用。

（5）水质较清的瘦水塘慎用。

（6）勿用金属容器盛放、溶解药物。

（7）本品对眼睛和呼吸道黏膜有刺激性，使用时避免其接触皮肤和黏膜，注意防护，如发生意外，应立即用流水冲洗。

2. 稀戊二醛溶液

【标准来源】中华人民共和国农业部公告第1435号（2010-07-30）附件2，第170～171页，编号：9071，9072。

【主要成分】戊二醛。本品是由浓戊二醛溶液加适量强化剂稀释制成的溶液。含戊二醛（$C_5H_8O_2$）应为标示量的90.0%～110.0%。

【性状】本品为无色至微黄色的澄清液体；有特臭。

【作用与用途】、【药理作用】、【用法与用量】、【不良反应】和【休药期】同浓戊二醛溶液。

【规格】（1）5%；（2）10%。

【贮藏】密封，在凉暗处保存。

【有效期】2年。

【药效学】戊二醛对革兰阳性菌和革兰阴性菌均具有迅速的杀灭作用，对细菌芽孢有缓慢杀菌作用。水溶液在pH为7.5～8.5时抗菌效果最佳，该溶液在14天内可保持其化学稳定性。本品溶液剂pH值较低时更稳定。

【使用指南】同浓戊二醛溶液。

3. 戊二醛苯扎溴铵溶液

【标准来源】中华人民共和国农业部公告第1759号（2012-04-17），附件2，第188～189页，编号：9275，9276。

本品为戊二醛、苯扎溴铵配制而成的溶液。含戊二醛（$C_5H_8O_2$）、烃铵盐（以$C_{22}H_{40}BrN$计）均应为标示量的90.0%～110.0%。

本品主要成分及化学名称为：戊二醛、苯扎溴铵。

【性状】本品为无色或淡黄色澄清液体，有特臭。

【作用与用途】消毒防腐药。用于养殖水体、养殖器具的消毒灭菌。防治鱼、虾、蟹、鳖、蛙等水产动物的出血病、烂鳃病、腹水病、肠炎病、疖疮病、腐皮病等细菌性疾病。

【用法与用量】以戊二醛计，全池泼洒，每1000米^{3}水体150克（规格100克：戊二醛5克+苯扎溴铵5克）或75克（规格100克：戊二醛10克+苯扎溴铵10克）对水全池泼洒，15天后再使用一次。

药浴：每立方米水体0.15克（以戊二醛计），药浴10分钟。

【不良反应】本品按推荐的用法与用量使用，未见不良反应。

【休药期】无。

【规格】（1）100克：戊二醛5克+苯扎溴铵5克；（2）100克：戊二醛10克+苯扎溴铵10克。

【用药指南】

（1）勿与阴离子类活性剂及无机盐类消毒剂混用。

（2）对软体动物、鲑等冷水性鱼类慎用。

（3）包装物使用后集中销毁。

二、卤素类

1. 含氯石灰

【标准来源】中华人民共和国农业部公告第1435号（2010-07-30）附件2，第111～113页，编号：9032。

【主要成分】本品又名漂白粉，含有效氯（Cl）不得少于25.0%。

【性状】本品为灰白色颗粒性粉末；有氯臭；本品在空气中即吸收水分与二氧化碳而缓缓分解；水溶液。遇红色石蕊试纸显碱性反应，随即将试纸漂白。本品在水或乙醇中部分溶解。

【作用与用途】消毒防腐药。用于水体的消毒，防治水产养殖动物由弧菌、嗜水气单胞菌、爱德华菌等引起的细菌性疾病。

【药理作用】消毒剂。本品加入水中后生成次氯酸，次氯酸释放活性氯和初生氧而呈现杀菌作用，对细菌繁殖体、细菌芽孢、病毒及真菌都有杀灭作用，并可破坏肉毒杆菌毒素。此外，本品中所含的氯还可与氨和硫化氢发生反应，因此还具有除臭作用。

【用法与用量】以本品计。用水稀释1000～3000倍后泼洒：一次量，每立方米水体1.0～1.5克，每天1次，连用1～2次。

【不良反应】按推荐的用法与用量使用，未见不良反应。

【休药期】无。

【贮藏】密封保存。

【有效期】1年。

【药效学】本品为次氯酸钙、氯化钙和氢氧化钙的混合物。当与有机物接触时，可迅速释放出氯，作用迅速但短暂。如将本品加入水中，即生成具有杀菌能力的次氯酸和次氯酸离子，次氯酸具有强而快的杀菌作用，次氯酸离子的杀菌作用较弱。通过氧化作用和抑制细菌的巯基酶，使细菌的生长和繁殖受到阻碍而发挥其杀菌作用。

【使用指南】

（1）与酸、铵盐、硫黄和许多有机化合物配伍禁忌。

（2）对皮肤和黏膜有刺激作用，消毒人员应注意防护。

（3）对金属有腐蚀作用，不得使用金属器具盛装。

（4）鱼池水体缺氧、浮头前后严禁使用。

（5）池塘水质较瘦、透明度高于30厘米时，剂量减半。

（6）水产养殖动物苗种慎用。

（7）本品杀菌作用快而强，但不持久，且受有机物的影响，在实际使用时，本品需与被消毒物至少接触15～20分钟。

2. 高碘酸钠溶液

【标准来源】中华人民共和国农业部公告第1435号（2010-07-30）附件2，第103～104页，编号：9027，250，9251。

【主要成分】高碘酸钠。

本品为高碘酸钠的水溶液。含高碘酸钠（$NaIO_4$）应为标示量的90.0%～110.0%。

【性状】本品为无色至淡黄色澄清液体。

【鉴别】

（1）取本品适量，加碘化钾饱和溶液1毫升，摇匀，加淀粉指示液，即显蓝色。

（2）本品显钠盐的鉴别反应［《中华人民共和国兽药典》（2010年版）一部　附录23页］。

【作用与用途】消毒药。用于养殖水体的消毒；防治鱼、虾、蟹等水产养殖动物由弧菌、嗜水气单胞菌、爱德华菌等引起的出血病、烂鳃病、腹水病、肠炎病、疖疮病、腐皮病等细菌性疾病。

【药理作用】消毒剂。本品具有消毒防腐作用，能氧化细菌细胞浆的活性基团，并与蛋白质的氨基结合，使其变性。能杀死细菌、真菌、病毒及阿米巴原虫。杀菌力与浓度成正比，对机体的腐蚀性与刺激性也与浓度成正比。

【用法与用量】以高碘酸钠计。用300～500倍水稀释后全池泼洒：一次量，每立方米水体0.015～0.02克。治疗，每2～3天1次，连用2～3次；预防，每15天1次。

【不良反应】按推荐的用法与用量，未见不良反应。

【休药期】500度日。

【规格】(1) 1%；(2) 5%；(3) 10%。

【贮藏】密封，凉暗处保存。

【有效期】2年。

【药效学】高碘酸钠密度为3.865克/厘米^3，可溶于水，加热时分解为碘酸钠（$NaIO_3$）和氧气。加入二氧化锰会使分解速度加快。

【使用指南】本品用于治疗鱼、虾、蟹等水产养殖动物的各种细菌性疾病，效果独特。

【适用病症】

(1) 鳜鱼、草鱼、鲢、鳙、鲮、鲫、长吻鮠、鲈、黄鱼、黄鳝、鳊、石斑鱼等鱼类：暴发性出血病、烂鳃病、肠炎病、体表溃烂、疖疮病、腐皮病、打印病、竖鳞病。

(2) 各种水产养殖动物：预防各种病毒性疾病和鳃霉病、水霉病等真菌病。

(3) 鳖、龟、蛙类：出血病、肠炎病、烂尾病、腐皮病、疖疮病、红底板病、白点病、红脖子病、白底板病、鳃腺炎等病。

(4) 虾、蟹类：甲壳附肢溃疡病、褐斑病、荧光病。

【使用建议】

(1) 勿用金属容器盛装。

(2) 勿与强碱类物质及含汞类药物混用。

(3) 贝类等软体动物和鲑、鳟等冷水性鱼类慎用。

(4) 对皮肤有刺激性。

(5) 在温度偏低或水体偏酸的环境中使用本品的效果更佳。

(6) 本品不宜与季铵盐类消毒剂、氨水、氨盐类、强碱类物质、重金属类、硫代硫酸钠类、鞣酸（五倍子）生物碱类等配伍使用。

(7) 苗种养殖池剂量减半，水体透明度高于30厘米时用量应减少。

3. 聚维酮碘溶液

【标准来源】中华人民共和国农业部公告第1435号（2010-07-30）附件2，第130～132页，编号：9042，9043，9044，9045，9048。

【主要成分】聚维酮碘。

【性状】本品为红棕色液体。

【鉴别】

（1）取本品1～5滴，加水10毫升与淀粉指示液1滴，即显蓝紫色。

（2）取本品10毫升，置50毫升锥瓶中（瓶内颈切勿沾污），瓶口覆盖一张用淀粉指示液湿润的滤纸，放置60秒钟，不显蓝色。

【作用与用途】消毒防腐药。用于养殖水体的消毒。防治水产养殖动物由弧菌、嗜水气单胞菌、爱德华菌等引起的细菌性疾病。

【药理作用】含碘消毒剂。通过释放游离碘，破坏菌体新陈代谢，使细菌等微生物失活，对细菌、病毒和真菌有杀灭作用。

【毒性】聚维酮碘是由分子碘与聚乙烯吡咯烷酮结合而成的水溶性能缓慢释放碘的高分子化合物，两者间保持动态平衡。其杀菌活性是由表面活性剂聚乙烯吡咯烷酮提供的对菌膜的亲和力将其所载有的碘与细胞膜和细胞质结合，使巯基化合物、肽、蛋白质、酶、脂质等氧化或碘化，从而达到杀菌的目的。为广谱消毒剂，对大部分细菌、真菌和病毒等均有不同程度的杀灭作用，主要用于鱼卵、水生动物体表的消毒。

生产上常用1%聚维酮碘全池泼洒，使池水终浓度达到：鱼虾类0.2～0.5克/米^3，鳖、蛙类0.3～0.7克/米^3。在赤眼鳟、丁鲹鱼种、杂色鲍幼鲍、银鲈等水产动物养殖过程中，使用聚维酮碘都是很安全的（碘制剂对养殖动物的毒性表）。聚维酮碘对虾夷扇贝、海湾扇贝、牡蛎的壳预期幼虫以及牡蛎的眼点期幼虫的安全浓度分别为3.25毫克/升、3.17毫克/升、4.48毫克/升、4.44毫克/升。因此，均可用聚维酮碘作为这些水产动物的消毒剂，但要注意各幼虫期的安全浓度。

【作用与用途】消毒防腐药。用于养殖水体的消毒。防治水产养殖动物由弧菌、嗜水气单胞菌、爱德华菌等引起的细菌性疾病。

【用法与用量】以聚维酮碘计。用水稀释300～500倍后，全池遍洒：治疗，一次量，每立方米水体45～75毫克，隔天1次，连用2～3次；预防，每立方米水体45～75毫克，每隔7天1次。

【不良反应】按推荐剂量使用，未见不良反应。

【休药期】500度日。

【规格】(1) 1%；(2) 2%；(3) 5%；(4) 7.5%；(5) 10%。

【贮藏】密封，凉暗处保存。

【有效期】2年。

【药效学】聚维酮碘是碘以聚乙烯吡咯烷酮（PVP）为载体，经反应生成的聚维酮碘复合物。聚乙烯吡咯烷酮性质稳定，有极好的生理惰性和生物相容性，具有成膜、黏合、解毒、慢性释放以及水溶性强的特点，对微生物降解性良好，为广谱的强力杀菌消毒剂。碘可直接卤化菌体蛋白质，与蛋白质的氨基酸结合，而使菌体的蛋白质酶受到破坏，微生物代谢功能发生障碍而死亡。聚维酮碘对病毒、细菌、真菌及芽孢都有较强的杀灭作用，大多数微生物不会对元素碘耐药。本品对皮肤刺激性小，毒性低，作用持久。使用安全、简便。

【使用指南】临床使用经验表明，本品对于各种出血病、烂鳃病、疖疮病、腐皮病等效果显著。

【适用病症】

(1) 鳜鱼、鲮、鲫、长吻鮠、鲈、黄鱼、黄鳝、鳊、石斑鱼等鱼类：暴发性出血病、烂鳃病、肠炎病、体表溃烂病、疖疮病、腐皮病、打印病、竖鳞病等。

(2) 各种水产养殖动物：各种病毒性疾病和真菌病（水霉病）。

(3) 鳖、龟、蛙类：出血病、肠炎病、烂尾病、腐皮病、疖疮病、红底板病、白点病、红脖子病、白底板病、鳃腺炎等。

(4) 虾、蟹类：甲壳附肢溃疡病、褐斑病、荧光病等。

【使用建议】

（1）本品在温度偏低或水体偏酸的环境中使用，效果更佳。

（2）本品不宜与季铵盐类消毒剂、氨水、氨盐类、强碱类物质、重金属类、硫代硫酸钠类、鞣酸（五倍子）生物碱类等配伍使用。

（3）苗种养殖池剂量减半，水体透明度高于30厘米，用量减少。

（4）贝类等软体动物和鲑、鳟等冷水性鱼类慎用。

（5）水体缺氧时禁用。

（6）勿用金属容器盛装。

4. 三氯异氰脲酸粉

【标准来源】中华人民共和国农业部公告第1435号（2010-07-30）附件2，第161～162页；中华人民共和国农业部公告第1960号（2013-06-24）《兽药国家标准（化学药品、中药卷）第一册》，第9～10页；编号：9062，9063；《中华人民共和国兽药典·兽药使用指南（化学药品卷）》（2010年版），第360页。

【主要成分】三氯异氰脲酸。

本品由三氯异氰脲酸与无水硫酸钠等配制而成。含有效氯（Cl）应不得少于标示量的90.0％～110.0％。

中华人民共和国农业部公告第1960号（2013-06-24）《兽药国家标准（化学药品、中药卷）第一册》，第9～10页，含有效氯（Cl）应不得少于标示量的94.0％～106.0％。

【性状】本品为白色或类白色粉状，有次氯酸的刺激性气味。

【作用与用途】消毒（防腐）药。主要用于鱼、虾细菌性疾病及鱼、虾养殖水体消毒。

【药理作用】消毒剂。本品在水中可水解为次氯酸，具强氧化性，次氯酸遇水产生具有杀菌力的次氯酸和次氯酸离子，次氯酸又可放出活性氯和初生态氧。一般认为三氯异氰脲酸的杀菌（毒）机制包括次氯酸的氧化作用、新生氧作用和氯化作用。次氯酸的氧化作用是最主要的杀菌（毒）作用，在水中以次氯酸分子形式存在，由于它不带电荷，其扩散、穿透细胞膜的速度比带电荷的次氯酸离子快，它作用于菌（毒）体蛋白，破坏其磷酸脱氢酶或与蛋白质发生氧化反应，致使细菌（病毒）死亡；新生氧作用，即由次氯酸分解形成新生态氧，使菌体蛋白氧化，杀灭细菌（病毒）；氯化作用，即氯直接作用于菌（毒）体蛋白质，形成氮氯复合物，干扰细胞代谢，导致细菌（病毒）死亡。

【用法与用量】以有效氯计。用水稀释1000～3000倍后全池泼洒。治疗，一次量，每立方米水体0.09～0.135克，每天1次，连用1～2次；清塘，全池泼洒，每立方米水体0.3克。

【毒性】三氯异氰脲酸粉又称强氯精，作用机制与漂白粉相同，有效期比漂白粉长4～5倍，是广谱型杀菌剂，对草鱼烂鳃病、肠炎病、赤皮病都有显著疗效，对暴发性鱼病、白皮病、打印病、白头白嘴病等疾病均有极好效果。

生产上以0.1～0.3克/米^{3}水体终浓度全池泼洒。根据水产动物对三氯异氰脲酸粉的敏感性，中华倒刺鲃、黄鳝苗种、苏丹鱼、淡水白鲳幼鱼、鳜幼鱼、泥鳅、月鳢、杂色鲍幼鲍等均可以用三氯异氰脲酸粉消毒以及防治疾病。三氯异氰脲酸粉也可以用于草鱼鱼苗和华鲮鱼苗杀菌消毒，但对其安全浓度低于或接近使用浓度（三氯异氰脲酸粉对养殖动物的毒性表），因此在使用过程中，应注意使用剂量。澳洲宝石鲈、翘嘴红鲌、赤眼鳟、秀丽白虾、海蜇幼体等对三氯异氰脲酸粉毒性较大，应禁用。

【不良反应】按推荐的用法与用量使用，未见不良反应。

【休药期】无。

【规格】以有效氯计。(1) 30%；(2) 50%［《兽药国家标准（化学药品、中药卷）第一册》，第9～10页标示52%］。

【贮藏】密封，阴凉处保存。

【有效期】1年［《兽药国家标准（化学药品、中药卷）第一册》，第9～10页标示为1.5年］。

【药效学】三氯异氰脲酸的杀菌谱广，杀菌力较二氯异氰脲酸钠粉消毒药强；对繁殖型细菌和芽孢、病毒、真菌孢子均有较强的杀灭作用；溶液的pH值愈低，杀菌作用愈强；有机物对杀菌影响较小。

【使用指南】经多年临床使用经验表明，本品适用于防治各种水产养殖动物的细菌性疾病，并且广泛应用于鱼虾等水体消毒，效果独特。

【适用病症】

本品主要用于防治水产养殖动物的如下病症。

（1）草鱼、青鱼、鲢、鳙、鲤、鲫、鳊等鱼类：烂鳃病、肠炎病、赤皮病、疖疮病、腹水病、打印病、出血病、烂嘴病、烂尾病、白头白嘴病等疾病。

（2）虾、蟹类：烂鳃、肠炎、甲壳附肢溃疡、白黑斑、黄鳃、红腿、上岸不下水症等疾病。

（3）鳖、龟类：出血病、疖疮病、腐皮病、红底板病、白点病、白底板病、红脖子病等细菌性疾病。

（4）蛙：肠炎病、出血病、腐皮病、红腿病、肝炎病、脑膜炎病等疾病。

【使用建议】

（1）鳜慎用；无鳞鱼的溃烂、腐皮病慎用。

（2）当水温高于20℃时，按正常用量将本品用于河蟹，可能造成河蟹死亡。

（3）当天气异常或缺氧、浮头及天气异常时禁用。施药48小时内应加强对施药水体的观察，防止造成继发性缺氧。

（4）本品能够配合使用增强鱼类体质的药品，如维生素C钠粉。

（5）不要与有机磷药物、油脂、酸碱混合配伍使用。

（6）本品在夏季水质肥沃时使用，应该适当增加使用浓度，并注意对池水增氧。

（7）禁止使用金属容器配制溶液，不得与碱性物质同时使用。

（8）缺氧、浮头前后严禁使用。

（9）水质较瘦、透明度高于30厘米时，剂量酌减。

（10）水产养殖动物苗种的使用剂量减半。

5. 溴氯海因粉

【标准来源】中华人民共和国农业部公告第1435号（2010-07-30）附件2，第173～174页，编号：9074，9075，9076，9078，9079。

【主要成分】溴氯海因。本品由溴氯海因和硫酸钠等配制而成。含溴氯海因（$C_5H_6N_2BrClO_2$）应为标示量的90.0%～110.0%。

【性状】本品为类白色至淡黄色结晶性粉末；有次氯酸的刺激性气味。

【鉴别】

（1）取本品约0.3克，加水50毫升溶解，再加浓硫酸5毫升，即显黄色，加氯仿振摇，氯仿层显黄色或红棕色。

（2）取本品适量，加稀硫酸，即发生氯气，能使湿润的碘化钾淀粉试纸显蓝色。

【作用与用途】消毒防毒药。用于养殖水体消毒，防治鱼、虾、蟹、鳖、贝、蛙等水产养殖动物由弧菌、嗜水气单胞菌、爱德华菌等引起的出血、烂鳃、腐皮、肠炎。

【药理作用】消毒剂。在水中能够不断地释放出 Br^- 和 Cl^- 形成次溴酸和次氯酸，将菌体内的生物酶氧化分解而失效，起到杀菌作用。

【用法与用量】按如下规格及其用法用量。

（1）8%　使用时用1000倍以上水稀释后全池均匀泼洒。

治疗：一次量，每立方米水体0.03～0.04克（以溴氯海因计），即相当于每立方米水体用本品0.375～0.5克[每亩水体（水深1米）用本品250～333克]，每天1次，病情严重时连用2天。

预防：15天1次（剂量同治疗量）。

（2）24%　使用时用3000倍以上水稀释后全池均匀泼洒。

治疗：一次量，每立方米水体0.03～0.04克（以溴氯海因计），即相当于每立方米水体用本品0.125～0.167克[每亩水体（水深1米）用本品83.3～111克]，每天1次，病情严重时连用2天。

预防：15 天 1 次（剂量同治疗量）。

（3）30%　使用时用 3750 倍以上水稀释后全池均匀泼洒。

治疗：一次量，每立方米水体 0.03～0.04 克（以溴氯海因计），即相当于每立方米水体用本品 0.1～0.133 克［每亩水体（水深 1 米）用本品 66.7～88.9 克］，每天 1 次　病情严重时连用 2 天。

预防：15 天 1 次（剂量同治疗量）。

（4）40%　使用时用 5000 倍以上水稀释后全池均匀泼洒。

治疗：一次量，每立方米水体 0.03～0.04 克（以溴氯海因计），即相当于每立方米水体用本品 0.075～0.1 克［每亩水体（水深 1 米）用本品 50.0～66.7 克］，每天 1 次；病情严重时连用 2 天。

预防：15 天 1 次（剂量同治疗量）。

（5）50%　使用时用 6250 倍以上水稀释后全池均匀泼洒。

治疗：一次量，每立方米水体 0.03～0.04 克（以溴氯海因计），即相当于每立方米水体用本品 0.06～0.08 克［每亩水体（水深 1 米）用本品 40.0～53.3 克］，每天 1 次，病情严重时连用 2 天。

预防：15 天 1 次（剂量同治疗量）。

【毒性】溴氯海因是高效、广谱消毒剂，应用 pH 范围比常规含氯消毒剂广，杀灭效果好。在水中能够通过不断释放出活性 Br^- 和活性 Cl^-，形成次溴酸和次氯酸，将微生物体内的生物酶氧化而达到杀菌的目的。

生产上预防用药以每立方米 0.2 克、杀菌消毒常以 0.3～0.4 克全池泼洒。溴氯海因可以作为鲶鱼、黄鳝苗种、草鱼鱼苗、黄颡鱼、文蛤、虹鳟鱼苗等杀菌消毒药物。且溴氯海因对黄鳝鱼种、草鱼鱼苗、文蛤和虹鳟鱼苗的安全系数较高，因此，利用溴氯海因作为这些水产动物的消毒剂是很好的选择（溴氯海因对养殖动物的毒性表）。

【休药期】500 度日。

【规格】(1) 8%；(2) 24%；(3) 30%；(4) 40%；(5) 50%。

【贮藏】密封，在凉暗处保存。

【有效期】1年。

【药效学】溴氯海因在水中能够通过溶解不断释放出活性 Br^- 和活性 Cl^-，形成次溴酸和次氯酸，生成的次溴酸和次氯酸具有强氧化性，将微生物体内的生物酶氧化而达到杀菌的目的。

【使用指南】本品用于养殖水体日常消毒，既达消毒目的又不破坏水质，效果甚佳。

【适用病症】

(1) 海水、淡水鱼类的烂鳃病、肠炎病、腹水病、体表溃疡病、赤皮病、疖疮病、打印病、暴发性出血病、烂嘴病、烂尾病、白头白嘴病等。

(2) 虾、蟹等甲壳类的细菌性烂鳃病、肠炎病、腹水病、甲壳附肢溃疡病、肝坏死病、水肿病、白体病、黑鳃病、红腿病、烂眼病、褐斑病、断须病等。

【使用建议】

(1) 当水温高于20℃时，按正常用量将本品用于河蟹，可能造成河蟹死亡，此时可选用聚维酮碘溶液、二氧化氯等。

(2) 当天气异常或缺氧时应禁止使用。施药48小时内应加强对施药水体的观察，防止造成继发性缺氧。

(3) 不要与有机磷药物、油脂、酸碱混合配伍使用。

(4) 在夏季水质肥沃时使用，应该适当增加使用浓度，并注意对池水增氧。

(5) 有效成分大于20%的海因类含溴制剂，在水温超过32℃时，若水体内3天累计用量超过200克/亩·米，会造成在蜕壳期内的水生甲壳动物死亡。

(6) 虾蟹蜕壳期禁用，可用浓戊二醛溶液。

(7) 勿用金属容器盛装。

(8) 缺氧水体禁用。

（9）水质较清、透明度高于30厘米时，剂量酌减。

（10）苗种剂量减半。

三、季铵盐类——苯扎溴铵溶液

【标准来源】中华人民共和国农业部公告第1435号（2010-07-30）附件2，第50～52页，编号：9002，9003，9004，9005。

本品为苯扎溴铵的水溶液。含烃铵盐以$C_{22}H_{40}BrN$计，应为标示量的95.0%～105.0%。

【主要成分】苯扎溴铵。

【性状】本品为无色至淡黄色的澄明液体；气芳香；强力振摇则发生多量泡沫。遇低温可能发生混浊或沉淀。

【作用与用途】消毒防腐药。用于养殖水体的消毒，防治水产养殖动物由细菌性感染引起的出血病、烂鳃病、腹水病、肠炎病、疖疮病、腐皮病等疾病。

【药理作用】阳离子表面活性剂。本品通过其所带的正电荷与微生物细胞膜上带负电荷的基因生成电价键，电价键在细胞膜上产生应力，导致溶菌作用细胞的死亡；还能透过细胞膜进入微生物体内，导致微生物代谢异常，致使细胞死亡。

【用法与用量】按如下规格及其用法用量。

（1）5%　将本品用300～500倍水稀释后，全池均匀泼洒。

治疗：一次量，每立方米水体用0.10～0.15克（以有效成分计），即相当于每立方米水体用本品2～3毫升[每亩水体（水深1米）用本品1334～2000毫升]，每隔2～3天用1次，连用2～3次。

预防：15天1次（剂量同治疗量）。

（2）10%　将本品用600～1000倍水稀释后，全池均匀泼洒。

治疗：一次量，每立方米水体用0.10～0.15克（以有效成分计），即相当于每立方米水体用本品1.0～1.5毫升[每亩水体（水深1米）用本品667～1000毫升]，每隔2～3天用1次，连用2～3次。

预防：15天1次（剂量同治疗量）。

（3）20%　将本品用1200～2000倍水稀释后，全池均匀泼洒。

治疗：一次量，每立方米水体用0.10～0.15克（以有效成分计），即相当于每立方米水体用本品0.50～0.75毫升［每亩水体（水深1米）用本品333～500毫升］，每隔2～3天用1次，连用2～3次。

预防：15天1次（剂量同治疗量）。

【不良反应】按推荐剂量使用，未见不良反应。

【休药期】500度日。

【规格】（1）5%；（2）10%；（3）20%；（4）45%。

【贮藏】遮光，密闭保存。

【有效期】2年。

【药效学】苯扎溴铵属季铵盐类，为阳离子表面活性剂，是一种快速广谱杀菌剂，低浓度对各种革兰阳性菌和革兰阴性菌即有杀灭作用，革兰阳性菌更为敏感，而对后者则需较高浓度，对细菌芽孢无效。有抗真菌作用，对某些病毒有效。在中性和弱碱性溶液中抗菌活性最佳，在酸性介质中显著降低，乙醇可加强本品的杀菌效果。本品能改变细菌胞浆膜通透性，使菌体胞浆物质外渗，阻碍其代谢而起杀灭作用。能与蛋白质迅速结合，遇有纤维素和有机物，作用显著降低。对皮肤无刺激性。

【使用指南】本品为暴发性出血病专用药物。可用于防治鱼、虾、蟹、鳖、蛙等水产养殖动物的出血病、烂鳃病、腹水病、肠炎病、疖疮病、腐皮病等细菌性疾病，尤其对于各种暴发性出血病有相当好的疗效。

【适用病症】

（1）各种海水、淡水鱼类：暴发性出血病（肠道出血、口腔出血、肌肉出血、体表出血、鳍基出血）、烂鳃病、肠炎病、体表溃烂病、赤皮病、烂尾病、打印病、疖疮病。

（2）鳜：暴发性出血病、病毒性出血病、烂鳃病、烂尾病。

（3）鳖、龟类：鳃腺炎、腐皮病、痘疮病。

（4）虾、蟹等甲壳类：细菌性烂鳃病、细菌性肠炎病、甲壳附肢溃疡病、红腿病、褐斑病。

【使用建议】

（1）本品不能与阴离子表面活性剂、碘、柠檬酸、过氧化物、硝酸盐、生物碱、食盐、碳酸氢钠、某些磺胺类等混用。

（2）软体动物、鲑、鳟等冷水性鱼类及大菱鲆、海参等慎用。

（3）水质较清的养殖水体慎用。

（4）使用后注意给池塘增氧。

（5）勿用金属容器盛装。

（6）包装物使用后集中销毁。

（7）pH 值越高，杀菌作用越好；温度越高，杀菌作用越强。

（8）本品长时间储存可能出现絮凝现象，不影响使用效果，使用前摇匀即可。

第五节 中药制剂

一、筋骨草

【标准来源】《中华人民共和国兽药典二部》（2010 年版），第 474～475 页。

本品为唇形科植物筋骨草（*Ajuga decumbens* Thunb.）的干燥全草。春季花开时采收，除去泥沙，晒干。

【性状】本品长 10～35 厘米。根细小，暗黄色。地上部分灰黄色或黄绿色，密被白色柔毛。细茎丛生，质较柔韧，不易折断。叶对生，多皱缩、破碎，完整叶片展平后呈匙形或倒卵状披针形，长 3～6 厘米，宽 1.5～2.5 厘米，绿褐色，边缘有波状粗齿，叶柄具狭翅。轮伞花序腋生，小花二唇形，黄棕色。气微，味苦。

【功能】促虾蟹蜕壳，促进生长。

【用法与用量】虾、蟹每千克体重 0.15～0.3 克，拌饵投喂。

【贮藏】置阴凉干燥处。

二、肝胆利康散

【标准来源】中华人民共和国农业部公告第1435号（2010-07-30）附件2，第14～15页，编号：9200。

【处方】茵陈30克，大黄30克，郁金25克，连翘15克，柴胡15克，栀子15克，白芍15克，牡丹皮15克，藿香15克。

【制法】以上9味，粉碎，过筛，加入葡萄糖至300克，混匀，即得。

【性状】本品为黄棕色粉末；味微苦。

【功能】清肝利胆。

【主治】肝胆综合征。

【用法与用量】拌饵投喂，每千克鱼0.1克，连用10天。

【不良反应】尚未见不良反应。

【贮藏】密闭，防潮。

【有效期】2年。

【使用指南】本品为鱼、虾、蟹保肝专用药物。

【主要作用】经多年试验证明，对促进脂肪代谢，防治鱼类的白肝、脂肪肝、肝出血、肝坏死有很好的效果。

【适用病症】

（1）青鱼、草鱼、鲤、鲫、鳊、鳜、胡子鲶、乌鳢、鮰、河豚、加州鲈、石斑鱼、大黄鱼、黄鳝、黄颡鱼、鳗鲡等鱼类的肝脏肿大、花肝、白肝、黄肝、肝腹水、肝坏死、脂肪肝。肝出血及由此继发感染引起的烂鳃病、白鳃病、肠炎病、出血病、贫血病、腹水病、打印病、体表溃疡病、大肚子病、肌肉萎缩症等疾病。

（2）鳖、河蟹、牛蛙等的白肝症及肝肿大症。

（3）虾类的脂肪肝、肝混浊及肝坏死等。

【使用建议】

（1）本品可与消毒药物混合使用，可选用溴氯海因粉、三氯异氰脲酸粉、戊二醛溶液、二氧化氯、聚维酮碘溶液等外用水体消毒剂。

（2）水产养殖动物生病时的体质一般较弱，因此要配合使用其他增强体质的药品，可选用维生素C钠粉。

（3）在拌料的时候，可选用盐酸甜菜碱预混剂作为诱食剂。

（4）按照饲料比例添加，可以有效地降低饲料成本、提高饲料转化率、减少脂肪肝的发生、促进生长、缓解应激等。

（5）建议在鱼、虾幼苗刚开口吃食时，按饲料量的0.2%添加本品，均匀拌料，连续投喂2～4天，可以明显地提高鱼苗的成活率。

（6）在成鱼养殖过程中，按饲料量的0.2%添加本品，混合均匀拌料，连喂5～7天，可以减轻各种杀虫剂、抗生素、水质改良剂及饲料霉变产生的有害物质对鱼类肝脏的损害。

三、龙胆泻肝散

【标准来源】中华人民共和国农业部公告第1435号（2010-07-30）附件2，第25～26页，编号：9220。

【处方】龙胆45克，车前子30克，柴胡30克，当归30克，栀子30克，生地黄45克，甘草15克，黄芩30克，泽泻45克，木通20克。

【制法】以上10味，粉碎，过筛，混匀，即得。

【性状】本品为淡黄褐色的粉末；气清香，味苦、微甘。

【功能】泻肝胆实火，清三焦湿热。

【主治】脂肪肝，肝肿大，胆囊肿大。

【用法与用量】拌饵投喂，每千克体重，鱼、虾、蟹1～2克，连用5～7天。

【不良反应】尚未见不良反应。

【贮藏】密闭，防潮。

【有效期】2年。

【使用指南】本品为专用保肝药物，对鱼、虾、蟹、鳖等水产养殖动物由营养、环境、细菌、病毒等因素引起的肝胆疾病的防治效果较佳。

【适用病症】

（1）青鱼、草鱼、鲤、鲫、鳊、鳜、胡子鲶、乌鳢、鮰、河豚、加州鲈、石斑鱼、大黄鱼、黄鳝、黄颡鱼、鳗鲡等鱼类的肝脏肿大、花肝、白肝、黄肝、肝腹水、肝坏死、脂肪肝、肝出血及由此继发感染引起的肠炎病、出血病、腹水病、大肚子病等疾病。

（2）鳖、牛蛙等的白肝症及肝肿大症。

（3）虾、蟹等甲壳类的脂肪肝、肝混浊、肝脏坏死病、肝脏出血病、白肝病以及由此继发感染的烂鳃、肠炎、败血、水肿等疾病。

【使用建议】

（1）本品应与消毒药物混合使用，外用水体消毒可选用溴氯海因粉、三氯异氰脲酸粉、戊二醛溶液、二氧化氯、聚维酮碘溶液等消毒剂。

（2）定期按照正常饲料比例添加，可以有效地降低饲料成本，提高饲料转化率，减少脂肪肝的发生，促进生长。

四、虾蟹蜕壳促长散

【标准来源】《中华人民共和国兽药典二部》（2010 年版），第 626～627 页，《中华人民共和国兽药典·兽药使用指南（中药卷）》（2010 年版），第 171～172 页。

本品为灰棕色的粉末。

【处方】露水草 50 克，龙胆 150 克，泽泻 100 克，沸石 350 克，夏枯草 100 克，筋骨草 150 克，酵母 50 克，稀土 50 克。

【制法】以上 8 味，粉碎，过筛，混匀，即得。

【功能】促蜕壳，促生长。

【主治】虾、蟹蜕壳迟缓。

【药理毒理】目前尚未检索到本品的药理和毒理学研究报道，方中主要药物与本品功能有关的药理和毒理作用如下。

（1）β 蜕皮激素样作用　蜕壳是甲壳类动物独特的生理特征，

蜕皮激素是其完成蜕壳变态所必需的物质，露水草、夏枯草与筋骨草均含有β蜕皮激素及其类似成分，云南产露水草含蜕皮激素达1.2%，主要为β蜕皮激素。

(2) 促生长作用　沸石、稀土均为矿物质，主含钙等矿物元素，酵母富含蛋白质和磷脂类，这些可以为甲壳生长和机体代谢提供必要的营养物质保障。

(3) 毒理　蜕皮激素对甲壳类动物的生理作用一般依使用剂量不同而异，小剂量使用可促进蜕皮生长，大剂量反而引起生长异常乃至死亡。在黄道蟹的第1期和第2期幼体处于临近蜕皮时，向海水中添加20-羟基蜕皮甾酮，浓度达到200～400微克/升时，出现外皮加厚等中毒现象。

【临床应用】

(1) 蜕壳迟缓　蜕皮激素水平不足或饲料营养缺乏所致的虾、蟹蜕壳过程延长，表现为不能正常蜕壳或蜕壳时间延长，生长缓慢，软壳，甚至死亡。

(2) 蜕壳不同步　表现为蜕壳不齐整，个体大小不一。

【不良反应】按规定剂量使用，暂未见不良反应。

【用法与用量】拌饵投喂：每1千克饵料，虾、蟹1克。

【贮藏】密闭，防潮。

五、蜕壳促长散

【标准来源】中华人民共和国农业部公告第1435号（2010-07-30）附件2，第38～39页，编号：9232。

【处方】蜕皮激素0.7克，黄芪100克，甘草75克，山楂50克，酵母24.3克，石膏200克，沸石400克，淀粉150克。

【制法】以上8味，除蜕皮激素外，粉碎，过筛，按等量递增配研法将蜕皮激素混匀，即得。

【性状】本品为灰黄色的粉末。

【功能】促蜕壳，促生长。

【主治】虾、蟹蜕壳迟缓。

【用法与用量】每千克饲料，虾、蟹 2 克。

【不良反应】尚未见不良反应。

【贮藏】密闭，防潮。

【有效期】2 年。

【使用指南】必须将本品与饲料充分搅拌均匀后投喂。

第六节 环境改良剂

环境改良剂以改良养殖水域环境为目的所使用的药物，包括底质改良剂、水质改良剂和生态条件改良剂。

一、过硼酸钠粉

【标准来源】中华人民共和国农业部公告第 1435 号（2010-07-30）附件 2，第 104～105 页，编号：9028。

【主要成分】过硼酸钠。本品由两个独立包装组成，大包为过硼酸钠与无水硫酸钠，小包为沸石粉。大包含过硼酸钠（$NaBO_3 \cdot 4H_2O$）应不得少于 50.0%。

【性状】大包为白色结晶性粉末；小包为灰白色粉末。

【作用与用途】环境改良剂。用于增加水中溶解氧，改善水质。

【药理作用】主辅剂按比例混合后，遇水释放出活性氧，增加水体的溶解氧含量，同时吸附水体中的有害物质。

【用法与用量】以本品计。大包、小包按 2∶1 称取，使用前在干燥容器中混合均匀后直接抛撒在鱼虾浮头集中处，抛撒面积约为总水体面积的 1/4。

预防：用于改善水质、预防水产养殖动物浮头时，每立方米水体 0.4 克。

治疗：救治水产养殖动物浮头、泛池时，每立方米水体 0.75 克。

【不良反应】按推荐剂量使用，未见不良反应。

【休药期】无。

【规格】大包：650 克［过硼酸钠（$NaBO_3 \cdot 4H_2O$）325 克＋无水硫酸钠 325 克］；小包：沸石粉 350 克。

【贮藏】密封，干燥通风处保存，并与易燃物隔离。

【有效期】1 年。

【使用指南】

（1）本品为急救药品，根据缺氧程度适当增减用量，并配合充水，使用增氧机等措施改善水质。

（2）产品有轻微结块，压碎使用。

（3）包装用后集中销毁。

二、过碳酸钠

【标准来源】中华人民共和国农业部公告第 1435 号（2010-07-30）附件 2，第 106～107 页，编号：9029。

【主要成分】过碳酸钠。本品为过碳酸钠（$2Na_2CO_3 \cdot 3H_2O_2$）。含有效氧不得少于 10.5%。

【性状】本品为白色粉末或颗粒，无味。

【作用与用途】水质改良剂。用于缓解和解除鱼、虾、蟹等水产养殖动物因缺氧引起的浮头和泛塘。

【药理作用】水质改良剂。过碳酸钠遇水释放出活性氧，增加养殖水体中的溶解氧含量。

【用法与用量】以本品计。在浮头处抛撒：一次量，每立方米水体 1.0～1.5 克，严重浮头时用量加倍。

【不良反应】按用法用量使用，未见不良反应。

【休药期】无。

【贮藏】阴凉，密封，干燥通风处贮藏，防止日晒、雨淋、受潮、受热。不得与酸类物质混贮。码放高度不得超过 5 箱。

【有效期】2 年。

【药效学】过碳酸钠可以替代过氧化钙作为水产养殖业的产氧剂，放氧速度明显高于过氧化钙，并可给在贮运过程中的鱼、虾、蟹等生物供氧保鲜。随着我国水产养殖业的不断发展，过碳酸钠在这方面的用量将会呈逐年上升趋势。

【使用指南】

（1）不得与金属、有机溶剂、还原剂等接触。

（2）按浮头处水体计算药品用量。

（3）视浮头程度决定用药次数。

（4）本品为急救药品，发生浮头时，表示水体严重缺氧，本品撒入水体后，其所携带氧气很快为水生生物消耗，因此，还应采取冲水、增氧等措施，防止水生生物大量死亡。

（5）包装物使用后集中销毁。

三、过氧化钙粉

【标准来源】中华人民共和国农业部公告第 1435 号（2010-07-30）附件 2，第 107～109 页，编号：9030。

【主要成分】过氧化钙。本品由过氧化钙及碳酸钙配制而成。含过氧化钙（CaO_2）应为标示量的 90.0%～110.0%。

【性状】本品为白色粉末。

【鉴别】取本品适量，加水 10 毫升，加热，即发生泡沸。

【作用与用途】增氧剂。用于鱼池增氧，防止鱼类缺氧浮头。

【药理作用】水质改良剂。本品遇水发生反应释放出活性氧，可增加水体溶解氧；同时产生的活性氧和氢氧化钙有杀菌和抑藻作用，调节水环境的 pH，降低水中氨氮、二氧化碳、硫化氢等有害物质的浓度，使胶体沉淀；此外，能补充水产养殖动物对钙元素的需要。

【用法与用量】以本品计。预防：每立方米水体 0.4～0.8 克。鱼浮头急救：每立方米水体 0.8～1.6 克（先在鱼、虾集中处施撒，剩余部分全池施撒）。直接投放（不搅拌）：长途运输预防鱼类浮头，每立方米水体 8～15 克，每 5～6 小时（或酌情缩短间隔时间）1 次。

【不良反应】按推荐的用法与用量，未见不良反应。

【休药期】无。

【规格】50%。

【贮藏】通风，阴凉处保存。

【有效期】1年。

【使用指南】

（1）对于一些无更换水源的养殖水体，应定期使用本品，一般5～10天1次。

（2）严禁与含氯制剂、消毒剂、还原剂等混放。

（3）严禁与其他化学试剂混放。

（4）长途运输时需同时使用增氧设备；观赏鱼长途运输禁用。

四、过氧化氢溶液

【标准来源】中华人民共和国农业部公告第1435号（2010-07-30）附件2，第109～110页，编号：9031。

【主要成分】过氧化氢。本品含过氧化氢（H_2O_2）应为26.0%～28.0%。

【性状】本品为无色澄清液体；无臭或有类似臭氧的臭气；遇氧化物或还原物即迅速分解并发生泡沫，遇光易变质。

【鉴别】

（1）取本品0.1毫升，加水10毫升和稀硫酸1滴，再加乙醚2毫升及重铬酸钾试液数滴，振摇，乙醚层即显蓝色。

（2）取本品，加氢氧化钠试液使成碱性后，加热，即分解，发生泡沸并释放出氧气。

【作用与用途】增氧剂。用于增加水体溶解氧。

【药理作用】增氧剂。本品遇还原物可迅速分解，释放出新生态氧，具有增氧作用。此外，本品还有抗菌消毒作用。

【用法与用量】以本品计。用水稀释至少100倍后泼洒：每立方米水体，一次量，0.3～0.4毫升。

【注意事项】本品为强氧化剂、腐蚀剂，使用时顺风向泼洒，勿将药液接触皮肤，如接触皮肤应立即用清水洗净。

【休药期】无。

【贮藏】密封，在凉暗处保存。

【有效期】2 年。

【使用指南】本品为强氧化剂、腐蚀剂，使用时顺风向泼洒，勿将药液接触皮肤，如接触皮肤应立即用清水洗净。

五、硫代硫酸钠粉

【标准来源】中华人民共和国农业部公告第 1435 号（2010-07-30）附件 2，第 132～133 页，编号：9046。

【主要成分】五水硫代硫酸钠。本品由五水硫代硫酸钠和无水硫酸钠配制而成。含硫代硫酸钠（$Na_2S_2O_3 \cdot 5H_2O$）应为标示量的 95.0%～105.0%。

【性状】本品为无色、透明的结晶或结晶性细粒。

【鉴别】

（1）取本品约 0.1 克，加水 1 毫升溶解后，加盐酸，即析出白色沉淀，迅即变为黄色，并发出二氧化硫的刺激性特臭。

（2）取本品约 0.1 克，加水 1 毫升溶解后，加三氯化铁试液，即显暗紫堇色，并立即消失。

（3）本品的水溶液显钠盐的鉴别反应【《中华人民共和国兽药典》（2010 年版）一部　附录第 23 页】。

【作用与用途】水质改良剂。用于池塘水质改良，降低水体中氨、氮、亚硝酸盐、硫化物等有害物质的含量。

【药理作用】水质改良剂。具有较强的还原性，能将氨氮、亚硝酸盐、硫化物等物质还原。

【用法与用量】以本品计。用水充分溶解后稀释 1000 倍，全池遍洒：一次量，每立方米水体 1.5 克，每 10 天 1 次。

【不良反应】按推荐剂量使用，未见不良反应。

【休药期】500 度日。

【规格】90%。

【贮藏】密闭保存。

【有效期】2年。

【使用指南】

（1）用于海水中，水体可能出现混浊或变黑，属正常现象。

（2）施撒本品后注意水体增氧。

（3）禁与强酸性物质混存、混用。

六、硫酸铝钾粉

【标准来源】中华人民共和国农业部公告第1435号（2010-07-30）附件2，第135～136页，编号：9050。

【主要成分】十二水硫酸铝钾。本品为硫酸铝钾与无水硫酸钠配制而成。含硫酸铝钾［$KAl(SO_4)_2 \cdot 12H_2O$］应为标示量的90.0％～110.0％。

【性状】本品为白色至淡黄色粉末。

【鉴别】本品水溶液显铝盐【《中华人民共和国兽药典》(2010年版）一部　附录第25页】、钾盐【《中华人民共和国兽药典》(2010年版）一部　附录第23页】与硫酸盐【《中华人民共和国兽药典》(2010年版）一部　附录第24页】的鉴别反应。

【作用与用途】水质改良剂。用于鱼、虾、蟹等养殖水体的净化。

【药理作用】水质改良剂。在水中可以电离出两种金属离子，而Al^{3+}生成胶状的氢氧化铝，氢氧化铝胶体吸附能力很强，可以吸附水体中的悬浮颗粒、重金属离子、氨氮及亚硝酸盐等。

【用法与用量】以本品计。用水充分溶解后稀释300倍，全池遍洒：一次量，每立方米水体0.5克。

【不良反应】按推荐剂量使用，未见不良反应。

【休药期】500度日。

【规格】10％。

【贮藏】密封，干燥通风处保存。

【有效期】2年。

【药效学】本品和其他重金属盐一样，能与细菌的蛋白质结合，具有杀菌作用。

【使用指南】

（1）勿与强酸强碱类物质混合。

（2）勿与次氯酸钠混合使用。

（3）勿用金属器皿盛装。

（4）避免雨淋受潮。

七、氯硝柳胺粉

【标准来源】中华人民共和国农业部公告第 1435 号（2010-07-30）附件 2，第 145～147 页，编号：9093。

【主要成分】氯硝柳胺。本品由氯硝柳胺与沸石粉配制而成。含氯硝柳胺（$Cl_{13}H_8Cl_2N_2O_4$）应为标示量的 90.0%～110.0%。

【性状】本品为淡黄色粉末。

【作用与用途】清塘药。用于杀灭养殖池塘内钉螺、椎实螺和野杂鱼等。

【药理作用】清塘剂。氯硝柳胺对钉螺、椎实螺和野杂鱼等有良好的杀灭作用。

【用法与用量】以本品计。使用前用适量水溶解后，全池泼洒：每立方米水体 1.25 克。

【不良反应】按推荐剂量使用，未见不良反应。

【休药期】500 度日。

【贮藏】遮光，密封保存。

【规格】25%。

【有效期】2 年。

【药效学】氯硝柳胺是一种杀鳗剂（Iampricide），也是一种灭螺剂（Molluscicide），它可影响虫体的呼吸和糖类代谢活动，能杀死很多种蜗牛、绦虫和尾蚴（*Cercariae*）。它通过抑制虫体细胞内线粒体的氧化磷酸化过程，障碍虫体吸收葡萄糖并阻断其摄取葡萄糖的作用，从而使之发生退变。在农业上主要用于杀灭稻田中的福寿螺（又称大瓶螺、苹果螺）。同时在公共卫生防治方面，用于杀灭蜗牛（血吸虫的中间宿主）。氯硝柳胺能在水中迅速产生代谢变化，作用时间不长。它可以在鱼塘换新水之前杀死和清除野杂鱼。

氯硝柳胺对于鱼类毒性很大，但在水中迅速产生代谢变化，作用时间不长，只有很短的半衰期，使用这种杀鱼剂之后只需要过几天就可以放入新鱼。

【使用指南】

（1）本品不能与碱性药物混用。

（2）用药清塘7～10天后试水，在确认无毒性后方可投放苗种。

（3）使用时应现配现用。

（4）用完后的盛药容器不得随意丢弃，应妥善处置。

第八章
河蟹疾病的防治技术

第一节　河蟹疾病的特点

在湖泊等较大水体中生活的河蟹很少患病，这可能是湖泊等较大水体的自然环境适合其生长需要而削弱病原体滋生的机会。然而，随着多年来池塘等小水体人工养蟹的发展，不但发现有较多的病害，并且往往给生产带来较大损失。如1998年因河蟹颤抖病全国损失至少达10亿元。因此，对河蟹的病害应高度重视。

河蟹是生活在水中的甲壳动物，其病害特点与鱼类病害有相似之处，但有更多不同的地方。

一、与鱼类病害不同的特点

1. 发病更不容易被发现

鱼类生活在水层中，以游泳作为其运动方式，一旦发病，可从不正常的游动或离群独游、呼吸困难引起浮头等现象中发现；而河蟹生活在水底，以爬行作为其运动方式，患病后在水底的反常行为不易被人们观察到，只有爬到岸边或岸上的患病个体才能被人们发现，而这时的蟹病已较为严重，且全池群体发病的可能性非常大。

2. 蜕壳是其生命中的脆弱环节

河蟹需经过蜕壳才能生长也是与鱼类不同的地方，蜕壳时对环境要求较为严格，此时往往因蜕壳不顺利而导致死亡。蜕壳后的蟹体活动能力较差，容易受到敌害的袭击或病原体的感染。

3. 对生活环境要求较鱼类严格

河蟹有隐蔽蜕壳的习性，往往要求养殖环境中有其隐蔽的场所；它有穴居的习性，要求养殖环境中有其掘洞的地方；对水体化学成分的要求也比鱼类高得多。否则，会因不能隐蔽蜕壳而遭敌害侵袭，也会因环境不能满足需要而降低自身的抗病能力。

4. 突发性强，防治难度比鱼类大

如近年来的河蟹颤抖病，往往在很短的时间内发生大面积死蟹，给防治带来相当大的难度。

5. 发病的频率越来越高，发病的区域越来越广

目前，我国从南到北都有蟹病发生，并且既有常见的病害，也有新发现的疾病；从种苗到成体养殖过程中的病害越来越多；一些病害一旦发生，基本无法控制和治疗。

二、与鱼类病害相同的特点

1. 作为呼吸器官的鳃易受损害

蟹和鱼类一样均行鳃呼吸，在水中进行气体交换。鳃在接触水的过程中，容易被水体的病原体感染，也易被水中有害的有机质和无机物损害。

2. 作为水生动物均对水质有较高的要求

河蟹和鱼类均需要有良好的水环境，要求有较高的溶解氧。否则，会发生对病害抵抗力下降、免疫力减弱等现象，以致出现多种疾病。

3. 用药治疗疾病难度大

作为水生动物的河蟹与鱼类一样，一旦发病，除及时和正确地诊断比较困难外，还存在着治疗难度大的问题。目前的治疗办法基本上都是进行群体治疗。当病情严重时，机体已失去食欲，即使有特效的药物，也由于不能主动摄入而达不到治疗效果；即使是个别能吃食的病蟹，也会因抢食能力差，吃不到足够的药量而达不到效果。

因此，做好河蟹病害的预防工作是提高养蟹经济效益的重要环节，一定要坚持“以防为主、防重于治、积极治疗”的十二字原则。

第二节 病毒性疾病及其防治

颤抖病

河蟹的病毒性疾病，是近年来人们随着对“颤抖病”的深入研究而发现的传染性疾病。在此之前，国内严隽箕（1995）报道，在对虾养殖池的死蟹体内发现对虾杆状病毒；姜静颖等（1996）在辽宁池养河蟹体内观察到一种球状病毒粒子。美国曾在饲养的蓝蟹体内发现疱疹病毒和呼肠弧病毒。

【病原体】杨先乐（1988）报道，从患“颤抖病”河蟹体内分离出以弧菌为主的多种细菌及1种以上的病毒，提出河蟹“颤抖病”病原体为病毒。陆宏达等（1999）在病蟹的心脏、腹神经节、鳃、肠和肝胰腺组织中发现球状病毒粒子，病毒无囊膜，直径为28～31微米，研究确定是小RNA（核糖核酸）病毒。何介华等（1999）研究颤抖病蟹，电镜下看到细胞质中有大量的病毒颗粒，在细胞质中观察到比细胞核略小的病毒包埋结构。陈辉、薛仁宇（1999）等分离、纯化、回感成功“颤抖病”致病因子，并认为病原体是一种球状病毒颗粒。夏冬等（1999）也分离出病毒粒子，认为致使“颤抖病”死蟹的主要原因可能是病毒感染的，细菌为继发性感染。潘连德（1988）报道，从患“颤抖病”病蟹体内分离到细菌（优势菌落）5个菌株，有4株为气单胞菌、1株为弧菌，但将5个菌株回接健康蟹养殖113～120天未见发病，最后基本排除细菌致病。

南京师范大学王文教授经过多年的研究，结果证实河蟹颤抖病是由柔膜纲的螺旋体引起。

【流行与危害】河蟹颤抖病又叫抖抖病、环爪病、小核糖核酸病毒病等。发病初期，病蟹摄食减少或不摄食，蜕壳困难，活动能力减弱或呈昏迷状态。1995年在上海市崇明岛首次发现该病后，在长江中下游养蟹地区以及辽宁等地均有流行。

该病不仅流行范围大，而且具有发病快速、损失较大等特点。它没有急性、亚急性、慢性之分，一般从发现河蟹吃食异常至1～2只蟹死亡的8～10天达死亡高峰。通过对江苏省4个县市的调查表明，1998年发病率比1997年增加211.3%，从5～10克的蟹种到200～250克的成蟹均有此病发生，且死亡率从1.2%到96%不等。1998年江苏省南通市、宝应县以及浙江省绍兴市3个县市由于此病造成的损失在1000万元以上。据分析，全国此病年损失至少30亿元以上，以精养河蟹的池塘为甚，在围栏养殖和稻田养殖中也有发生。5～10月皆发此病，7～9月为发病高峰，死亡严重。温度在28～33℃下流行最快，10月后水温降至20℃以下，该病渐为少见。在长江中下游地区，辽宁水系和瓯江水系蟹种比长江水系蟹种易发生此病。

河蟹颤抖病在全国养殖河蟹的地区均有发生，自1997年以来日趋严重。3～11月均有发生，尤其是夏、秋两季最为流行；从体重3克的蟹种至300克重的成蟹均可患病；发病率和死亡率都很高，有的地区发病率高达90%以上，死亡率在70%以上，发病严重的水体甚至绝产，是当前危害河蟹最严重的一种疾病。

【症状及病理变化】病蟹出现胸肢不断颤抖、抽搐和痉挛等症状，附肢无力，往往每触动一下，便抖动一次。有时步足收拢，蜷缩成团，因而有的地方称之为环腿病或抖抖病。鳃有时呈淡铁锈色或微黑色，常静伏岸边或水草旁，不摄取食物。病理特征为细胞肿大、线粒体肿大、嵴断裂或扭曲或坏死溶解，病变严重处的组织细胞坏死崩解成无结构的物质。美国饲养的蓝蟹患呼肠弧病毒病的病蟹也有附肢颤抖等症状。

发病初期的病蟹体色正常，但摄食减少或不摄食，蜕壳困难，活动能力减弱或呈昏迷状态。随着病程发展，指节变红，而且不断向上蔓延。螯足下垂无力，步足连续颤抖、易脱落，口吐泡沫，不能爬行，因此被称为“颤抖病”。24小时内快速死亡（彩图10）。

【诊断方法】病蟹反应迟钝，行动迟缓，蟹足攀爬力减弱，吃食减少甚至不吃食；鳃排列不整齐、呈浅棕色、少数甚至呈黑色；

血淋巴液稀薄，凝固缓慢或不凝固；最典型的症状为步足颤抖，环爪、爪尖着地，腹部离开地面，甚至蟹体倒立。这是由于神经受病毒侵袭，神经元、神经胶质细胞及神经纤维发生变性、坏死以及解体的缘故。在疾病后期常继发嗜水气单胞菌及拟态弧菌等感染，使病情更加恶化；肝胰腺变性、坏死呈现淡黄色，最后呈现灰白色；背甲内有大量腹水，步足有肌肉束水肿，有时头胸甲（背甲）的内膜也坏死脱落。最后病蟹因神经紊乱、心力衰竭而死。

【防治方法】目前，此病尚无特效的药物治疗。因此，从病毒学角度看，应重点放在预防方面。该病之所以在池塘等集约化或半集约化养蟹方式中发病，是因为人工投喂的饲料营养不能满足河蟹的需要，加之连续养蟹若干年使水环境中的微量元素锐减，蟹的免疫力下降，在病毒的侵袭下而发病。为提高蟹种的免疫能力，有人在培养蟹种过程中，为了控制蟹种性腺早熟而降低投饲的营养标准，导致蟹种体质下降，免疫能力变差。因此，应选择体质健壮的蟹种进行养殖。尤其要提高以非特异性免疫水平为目的的饲料添加剂，如中草药、多糖、氨基酸等。从生态学角度看，要为河蟹营造好的生态环境，对长期养蟹的池塘要实行间歇式养殖，对池塘中较深的淤泥应采取清除等措施。从防病学角度看，对蟹种和环境要进行消毒处理，可选用消毒药，如三氯异氰脲酸粉等。如发病季节用0.4～0.5毫克/升三氯异氰脲酸粉全池泼洒，以杀灭池中病原体，对控制该病有一定作用。

针对河蟹颤抖病的流行，一些渔药生产商家反应敏捷，立即自行研制或与科研单位合作生产防治该病的药物。“蟹抖灵”是上海汉宝生物工程有限公司生产，该产品即可作预防用也可作治疗用。预防时以1千克药物添加于100千克饲料中，每5天投喂1次；治疗时以1.5千克药物添加于100千克饲料中，每天投喂1次，5～7天为一个疗程。病情严重时，可增加一个疗程。中国水产科学研究院北京鑫洋水产新技术开发公司生产的“蟹抖停”（也称“蟹立康”），该药为富含动植物多糖等多种活性物质以及多种长效抗病毒药物，对“颤抖病”有一定的防治效果。黄琪琰报道，山西省鱼虾水产药业有限公司生产的克抖威或蟹Ⅰ号拌入饲料中，制成水中稳定性较好的颗粒药饵，连续投喂 7 天有一定的效果。

通常提倡的“三步”疗法的具体做法如下。

第一步，用浓度为 0.15～0.3 毫克/升溴氯海因全池泼洒，杀灭蟹体外寄生虫（固着纤毛虫）。

第二步，外泼消毒药与内服药相结合。外泼消毒药可选用溴氯海因、二氯海因、三氯异氰尿酸、三氯异氰尿酸钠，用药浓度为 0.15～0.3 毫克/升全池泼洒。外泼消毒药的次数随病情轻重及消毒药的药效在池水中的持续时间而定，一般一个疗程为 2～4 次。内服药为克拌威或蟹安Ⅰ号，拌入饲料中，制成水中稳定性好的颗粒药饵，连续投喂 7 天。50 千克河蟹用药 100 克，如病情严重，内服的药量可以加倍，或增加投喂药饵的天数，在河蟹停止死亡后再投喂 2 天药饵。

第三步，河蟹颤抖病治愈后，全池泼洒一次浓度为 20～30 毫克/升的生石灰水，将池水调成弱碱性，以适合河蟹的生长。

治疗时的注意事项如下。

第一，在治疗河蟹颤抖病前，必须先杀灭河蟹体外寄生虫。如不先行杀灭，则蟹壳及鳃上的伤口就成为病毒、病菌等的侵袭门户，病情会更加严重；且一边治疗，一边大量感染，就无法获得良好的治疗效果。

第二，外泼消毒药与内服药必须互相结合，以便将水体中及蟹体内外的病毒、病菌都杀灭。外泼消毒药的质量一定要好，用药量要算准，泼药的次数要随病情轻重及药物在池水中的持续时间而定。不能认为外泼一次消毒药就可以了，因为外泼一次消毒药，当时可将水体中、淤泥最表层及蟹体外的病毒、病菌杀灭，但淤泥下面的病毒、病菌则未被杀灭；同时蟹的颤抖病尚未治愈，病蟹还不断地向水中排放病毒和病菌，在疾病流行季节，病毒、病菌的繁殖速度很快，所以，一般要隔天泼洒 1 次消毒药；如病情严重，则治疗开始时甚至连续泼药 2～3 天后，再隔天泼 1 次，直至治愈为止。

第三，内服药饵一定要拌匀，制成水中稳定性好的颗粒药饵，且要撒得开、撒得匀，保证尚能吃食的病蟹都能吃到足够的药量。

根据病毒病治疗难度大的问题，在推行健康养蟹、积极预防的同时，应根据国内外治疗鱼类病毒病的成功经验，加快防病疫苗和治病疫苗的研究，即可采用投喂口服免疫疫苗、水体浸泡免疫疫苗等多种方式进行。专家预言，21 世纪将以现代生物技术和基因产品为主导，以病原大分子结构与功能研究成果为主要依据，较好地解决蟹、鱼等水生生物的病毒性疾病。

第三节 细菌性疾病及其防治

细菌性疾病是河蟹的主要疾病，这是由于河蟹是开放式的循环系统。常见的细菌性疾病有黑鳃病、甲壳病、弧菌病及水肿病等。

一、黑鳃病

【病原体】黑鳃病由细菌感染引起。目前初步认定可能由多种细菌引起发病，有弧菌属细菌、球菌属细菌、假单孢属细菌和气单孢属细菌，具体确定尚需进一步研究。不过，在所感染的细菌属中以丝状细菌为多见，其菌丝用基部附着在河蟹的鳃瓣上。因此，鳃部感染发生病变是该病的主要特征。该病多发生在 7～9 月的高温期，即成蟹养殖的后期。一般认为，水环境条件恶化是该病发生的主要诱因。也有人认为，池底淤泥是造成发病的主要原因。因为底泥表层细菌数多于水层，当蟹静伏于底部时，其鳃就为菌团以及微细泥沙颗粒等充塞。

放养密度大，投饵过剩，水体交换量不够，水质恶化，致使有害细菌大量繁殖，侵入并感染鳃部。此病多发生在 9～10 月，流行快，危害极大。

【流行与危害】该病多发生于成蟹养殖后期，由于病蟹行动迟缓，呼吸困难，口吐泡沫，群众称之为叹气病。

【症状及病理变化】鳃部感染发生病变是该病的主要特征，表现在鳃部颜色的变化方面。病轻时鳃丝部分呈暗灰色或黑色，重时则鳃丝全部变为黑色，且发生烂鳃现象。病蟹行动迟缓，白天爬出水面匍匐不动，呼吸困难，俗称“叹气病”。轻者有逃避能力，重者几日或数小时内死亡。该病多发生在成蟹养殖后期，尤以规格大的河蟹易发生。

【预防方法】

（1）定期加注新水，保持水质清新。

（2）及时清除残饵，用生石灰对食场或料台进行消毒。

（3）每 10～15 天，用浓度为 15～20 毫克/升的生石灰水全池泼洒，或用浓度为 1～2 毫克/升的漂白粉溶液全池泼洒。

【治疗方法】用浓度为 15～20 毫克/升的生石灰水，连续泼洒全池 2 次。

二、腐壳病

【症状】河蟹腐壳病又称甲壳溃疡病、壳病或锈病。病蟹步足尖端破损，呈黑色溃疡并腐烂，然后步足各节及背甲、胸板出现白色斑点；斑点的中部凹下，呈微红色，并逐渐变成黑色溃疡；严重时中心部溃疡较深，甲壳被侵袭成洞，可见肌肉或皮膜，导致河蟹死亡。

【病因】蟹种在被捕捉、运输和放养时受伤感染细菌所致。该病危害严重，轻者影响蜕壳生长，重者死亡。

【预防措施】

（1）在捕捉、运输和放养河蟹等过程中，操作要细心，使用的工具应严格消毒，勿使蟹体受伤。

（2）用浓度为 15～20 毫克/升的生石灰水彻底清池，有发病预兆时，用生石灰对全池泼洒。

（3）夏季经常加注新水，保持水质清新，并使池塘有 5～10 厘米厚的软泥。

（4）发病池用漂白粉全池泼洒，同时在饲料中添加磺胺类药物，添加量为1～2克/千克饲料，连续3～5天为一个疗程。

三、烂肢病

【症状】病蟹腹部及附肢腐烂，肛门红肿，行动迟缓，摄食减少甚至拒食，最终因无法蜕壳而死亡。

【病因】该病的起因是捕捞、运输和放养过程中蟹体受伤或生长过程中因敌害致伤，引起病菌感染所致。

【预防措施】

（1）在捕捞、运输、放养过程中勿使河蟹受伤，以免被细菌感染。

（2）用浓度为15～20毫克/升的生石灰水溶液全池泼洒。

【治疗方法】

（1）用浓度为0.5～1毫克/升的土霉素溶液全池泼洒。

（2）用浓度为15～20毫克/升的生石灰水溶液全池泼洒，连施2次。

四、水肿病

【症状】病蟹肛门红肿，腹部、腹脐及背壳下方肿大呈透明状，病蟹匍匐池边、拒食，最后死在池边浅水处。

【病因】该病主要是因河蟹腹部受伤后被细菌感染。

【预防措施】

（1）在河蟹养殖过程中，尤其是在蜕壳时，尽量减少对其惊扰，以免其受伤。

（2）经常添加新水，并多喂鲜活生物饲料和新鲜菜叶。

（3）每15天用浓度15～20毫克/升的生石灰水泼洒一次。

【治疗方法】

（1）用浓度为0.5～1毫克/升的土霉素或呋喃西林溶液全池泼洒。

（2）用土霉素或红霉素拌饵投喂，用量每千克蟹体重为0.1～0.2克，7天为一个疗程。

五、甲壳溃疡病

目前对该病的称呼尚未统一，也称之为壳病、甲壳病、锈病、腐壳病。但多数是依徐兴川 1990 年首先公开报道时参照国外资料和本病的症状表现而称之为甲壳溃疡病。

该病除中华绒螯蟹外，在我国的锯齿溪蟹中也有发生，与对虾的褐斑病较为相似。国外报道美国的蓝蟹、拟石蟹、宽足拟石蟹、黄道蟹上也有发生。

【症状】表现有多种：一是病蟹甲壳初期有白色斑点，其后由此斑点中间内凹并蚀成小洞，肉眼可见其壳内组织，在步足、胸部腹甲上可见溃疡斑点，患病蟹最终因蜕皮不遂而死亡；二是病蟹甲壳出现棕色、红棕色点状病灶，这些斑点逐步发展连成块，中心部位溃疡，边缘呈黑色；三是步足破损，早期为红色斑点或褐色斑点，晚期斑点连成不规则片状并腐烂，严重时甲壳被侵蚀成洞，可见黑色皮膜或肌肉，最终死亡。

【病原体】从病灶上分离出多种细菌，如弧菌（*Vibrio* sp.）、假单孢菌（*Pseudomonas* sp.）、杆菌等，这些菌都具有分解几丁质的能力。然而，河蟹甲壳的上表皮不含几丁质，只有其下的外表皮才含几丁质。因而认为细菌侵袭的原因可能是上皮受到机械损伤，或者其他细菌破坏，这时具有分解几丁质能力的细菌趁机侵入，引起此病。此外，该病也与蟹的营养不良有关。

【防治方法】天然水域中治疗该病较为困难，控制自然条件几丁质分解能力的细菌，难度也相当大。

（1）必须加强管理，严格捕捞、运输、养殖过程的操作，避免蟹体受伤，发现患病蟹后利用物理方法如改善水质很有必要。

（2）用浓度 15～20 毫克/升的生石灰水清塘，有发病预兆是，用生石灰全池泼洒。

（3）放养前，将蟹种放入浓度为 10～15 毫克/升的土霉素溶液中浸洗 10 分钟。

（4）夏季经常加注新水，保持水质清新。

六、弧菌病

【病原体】引起该病发生的原因，主要是饲养过程中河蟹受到机械损伤或敌害侵入使体表受损，弧菌继发性感染。导致该病发生的弧菌有多种，已报道的有副溶血弧菌（*Vibrio parahaemolyticus*）、鳗弧菌（*V. anguillarum*）、创伤弧菌（*V. vulnificus*）、溶藻弧菌（*V. alginolyticus*）、哈维弧菌（*V. harveyi*）等。

【流行与危害】在河蟹育苗的各个阶段均有发生，尤以溞状幼体的前期为重。由于具有很强的传染性和高的死亡率，往往在2～3天时间导致90%以上的幼体死亡，甚至在24小时内大批死亡，故其危害性很大。

【症状及病理变化】河蟹幼体和蟹种腹部和附肢腐烂，摄食少或不摄食，肠道内无食物；无粪便排出，体色变浅，呈不透明的白色；发育变态停滞不前，活动能力减弱，行动迟缓，匍匐在池边，有时呈昏迷状态，之后腹部伸直，失去活动能力，最终聚集在池边浅滩处死亡。濒死或刚死的病蟹，体内可发现大量的凝血块，被感染的溞状幼体，在高倍显微镜下可观察到体内外有大量的革兰阴性菌，尤以复眼上居多。死苗和感染严重的幼体上，细菌成团块状，不断上下翻动。此病危害较为严重，一旦发生，1～2天内可造成幼体的大量死亡。如不及时施药，则会“全军”覆没。在河蟹养殖池中，池底可见有一层红色的菌落。主要的弧菌病有烂肢病、水肿病等，多发生在高温季节，死亡率可达50%以上。

患病幼体的主要症状为幼体体色混浊，行动迟缓，反应痴呆，尤其是趋向反应不明显，肠内无食物，大多沉于水底死亡。患病的蟹种或成蟹身体瘦弱，行动减慢，腹部和附肢腐烂，体色变淡呈昏迷状态。该病在8～9月高温期间死亡率较高，受感染的蟹在1～2天就发生死亡。发病严重的养蟹池底，可见一层红色的菌落。

【诊断方法】在显微镜下可见病蟹的体液或组织中有大量活动着的弧菌，并且弧菌集成团块状，不断上下翻滚。从淋巴抽血检查，可见血细胞和细菌聚结成不透明的白色团块，以鳃组织居多。

幼体的体表也有大量的革兰阴性菌，以复眼表面为甚。

【预防方法】

（1）彻底清塘，并适当降低养殖密度。

（2）在捕捞、运输苗种等操作过程中，要尽量小心操作，避免创伤，给弧菌感染提供机会。

（3）及时更换新水，保持池水清新，以防止因有机质增加而引起亚硝态氮和氨氮浓度升高。

（4）发病期间，应适当减少人工饲料的投喂。

（5）育苗池和育苗工具要用高锰酸钾或漂白粉彻底消毒。

【治疗方法】

（1）若发生此病，可用土霉素全池泼洒，每天1次，连用3天。

（2）将土霉素（每千克蟹体重0.1～0.2克）或红霉素（每千克饲料10克）拌饲投喂，连喂7天，根据病情，可喂1～2个疗程。

七、水霉病

【症状】病蟹体表，尤其是伤口部位长有棉絮状菌丝，行动迟缓，摄食减少，如伤口不能愈合，会导致伤口部位组织溃烂，被细菌感染，最后死亡。水霉菌是该病的病原体。

【预防与治疗方法】

（1）在放养、捕捞、运输等操作过程中勿使河蟹受伤，以免体表破损后被真菌感染。

（2）在大批河蟹蜕壳时，增加一些动物性饲料。

（3）用3%～5%的食盐水浸洗病蟹5分钟，并用5%的碘酒涂抹患处。

第四节　寄生虫疾病及其防治

一、纤毛虫病及其防治

纤毛虫病是河蟹养殖中的主要疾病，危害河蟹的纤毛虫种类较多，常见的有聚缩虫、单缩虫、阿脑虫、瓶体虫、苔藓虫和薮枝螅以及累枝虫、钟形虫，还有附在鳃部的间腺虫和腹管虫等。之所以说纤毛虫对河蟹危害很大，是因为它们附着于河蟹的部位多，既附着于体外的附肢及表壳处，又随水流进入体内附着于鳃部等组织器官。既危害苗种，也危害成蟹，还危害抱卵亲蟹。国外报道引起蟹类纤毛虫疾病的情况是，美国的蓝蟹鳃上有瓶体虫和累枝虫感染，其中瓶体虫在鳃上数量较多，平时妨碍蟹呼吸，在蓄养池的蜕壳前后的蓝蟹由此引起大量死亡。法国曾有绿蟹因一种纤毛虫引起大量死亡的报道。

1. 固着类纤毛虫病

【病原体】固着类纤毛虫病的病原种类很多，最常见的为聚缩虫（*Zoothamnium* sp.）、独缩虫（*Carchesium* sp.）、累枝虫（*Epistylis* sp.）、钟虫（*Vorticella* sp.）等。聚缩虫、独缩虫、累枝虫都是群体生活，柄呈树枝状分枝，其根部寄生于河蟹溞状幼体的头胸部、腹部等处。在溞状幼体方面目前尚未见到寄生于附肢的现象。聚缩虫伸缩时整个群体一致伸缩，独缩虫群体中各个体单独伸缩，累枝虫不能伸缩；钟虫不成群体，伸缩时柄呈弹簧状。

【症状】虫体少量固着时，肉眼看不出症状，危害也不严重。虫体大量固着时，患病幼体肉眼可见体表有绒毛状物，行动迟缓，摄食困难，重者停止发育和蜕皮，最终死亡。镜检时可见幼体体表或附肢上附生着大量虫体，患病成体可见虫体布满对虾的鳃、体表、附肢、眼等全身各处，体表呈现灰黑色、灰白色（固着类纤毛虫）、黄色（壳吸管虫）、铁锈色（莲蓬虫），如绒毛状，特别是游泳足最明显，病蟹常浮于水面，离群漫游，反应迟钝，食欲不振或停止摄食，不能蜕皮，停止生长，严重时可引起死亡。镜检鳃丝上附生大量虫体，虫体之间并黏附许多污物。

对成蟹来说，一般在黄蟹到绿蟹阶段聚缩虫病较为明显，特别是性成熟2龄以上的蟹。患有聚缩虫病的病蟹，白天常见在池边浅水区独立爬行，也有上岸的。河蟹体壳污物较多，活动、摄食能力减弱，继而陆续死亡，经解剖镜检查，发现病蟹的壳及鳃上寄生大量的聚缩虫。聚缩虫少量寄生时，对河蟹生长无明显影响，严重寄生时，蟹的额部、步足、背壳及鳃部都布满寄生虫，影响河蟹的活动和生长。用手指刮蟹壳上的白絮状的虫群，一般不易刮掉，用小刀刮掉后，可见甲壳受损甚至溃烂。用显微镜观察，可看到虫体塞满蟹鳃血管。河蟹的活动表现为无力的瘫痪状，呼吸微弱，以致停止呼吸而死，病蟹一般在黎明前死亡。对聚缩虫的防治，编者认为关键是放在绿蟹的管理上，河蟹性腺成熟后，即变成绿蟹。按河蟹生态学原理，这时的河蟹应回到河口半咸水处进行繁育后代。而在池塘养蟹中，大部分由于个体不很大的原因而没出售，继续放在池塘饲养，这时河蟹一般已不再蜕壳，使集聚在身体上的虫体越来越多，再不像黄蟹期间，由于每次蜕壳行为而蜕掉壳表、附肢以及鳃上的虫体。因此，防止成蟹聚缩虫病的最好方法是不养 2 龄以上的性成熟绿蟹。编者 1987 年在鄂州泽林进行养蟹试验，由于个体原因及价格问题，11 月验收后，渔场领导将验收过的蟹又放入池中，拟 1988 年再养 1 年而增大个体。1988 年 3 月开始死亡，4 月检查，蟹体布满聚缩虫，至 7 月几乎全部死亡（彩图 11）。

【流行及危害】固着类纤毛虫病、壳吸管虫病及莲蓬虫病在育苗期间多发生在中、后期，以 5 月下旬较为严重。在养成期间，主要发生在高温季节，即 7 月下旬至 9 月中旬。越冬亲蟹有时也患此病，但一般不严重。

【防治方法】

（1）经常换池水，保持水质清洁。具体做法是在放养以前尽量清除池底污物，并彻底消毒；放养后经常换水。

（2）投喂的饲料要营养丰富，数量适宜，尽可能避免过多的残饵沉积在水底。

（3）放养密度要适宜，不可太密，以保证池中有足够的溶解氧。

（4）尽量创造优良的环境条件，例如经常换水、改善水质、控制适宜水温等，以加速对虾的生长发育，促使其及时蜕皮。

（5）育苗期投喂卤虫幼虫时，可先镜检，发现有固着类纤毛虫附生时，可用50～60℃的热水将卤虫浸泡5分钟左右，杀死纤毛虫后再投喂。

(6) 用甲醛或硫酸铜与硫酸亚铁（5∶2）溶液全池泼洒。

(7) 治疗可用浓度为0.5～1毫克/升的新洁尔灭与浓度为5～10毫克/升的高锰酸钾混合液浸浴，经3个小时左右，即可杀灭聚缩虫。

2. 拟阿脑虫病

【病原体】拟阿脑虫病的病原体是蟹栖拟阿脑虫（*Paranophrys carcini*）隶属于纤毛动物门、寡膜纲（OligohymenopHorea）、膜口目（Hymenostomatida）、嗜污科（Philasteridae），是一种兼性寄生虫。拟阿脑虫对环境的适应能力很强，但不耐高温，生存水温为0～28℃，最适水温为10℃左右，生长繁殖盐度范围为6‰～50‰，pH范围为5～11。

【症状】受到感染的抱卵蟹，外观无明显症状，但体表及步足指节有少量破损，有的步足脱落，其体色由青色逐渐变为灰黄色；病蟹不栖息于隐蔽物内，匍匐池底或障碍物上；此外，摄食减少，反应迟钝，活动能力减弱，并且肢体无力，用手抓握之无挣扎感。取感染该病中后期抱卵蟹的体液置于载玻片上，体液呈乳白色，不凝固，血液及淋巴液聚集大量虫体。通常病蟹胚胎发育正常。

【流行及危害】这种纤毛虫病原多见于养虾中，常感染虾的鳃及体表。近年来，该病在河蟹养殖中感染亲蟹较为严重，幼体偶有感染。卜云江（1997）和阎斌伦（1998）报道，河蟹亲体因拟阿脑虫引起大批死亡。患病亲蟹及死蟹外观无明显症状，但该虫体多寄生于亲蟹残肢等伤口组织处，病蟹表现为行动迟缓，食欲下降，附肢无力，静伏于池底或岸边。解剖可见体内体液增多，显微镜检查鳃丝、心脏血液以及体表溃疡组织，可见许多纤毛虫体，即为蟹栖拟阿脑虫，简称拟阿脑虫。短期内亲蟹死亡率可达40%。

该病流行期为12月份至翌年4月份，对于长期处于低温土池暂养的抱卵蟹及室内水泥池培育的抱卵蟹容易发病。河蟹经过交配和长时间的高密度越冬暂养，蟹体大多带伤，这都为拟阿脑虫的入侵大开方便之门。拟阿脑虫病发病迅速，死亡率高，可达 95%以上。对拟阿脑虫病应以预防为主，因为一旦侵入血液淋巴中就很难治疗。

【预防措施】预防的措施从两个方面进行：一是环境保持清洁，定期清除池底残饵及代谢废物；二是对亲蟹和其越冬设施、用具进行消毒处理。工具和设施用浓度 200 毫克/升的漂白粉溶液泼洒或浸泡，亲蟹用 25 毫克/升福尔马林溶液消毒 3～5 分钟。对于治疗该病用孔雀石绿（使池水药物浓度达 0.2 毫克/升）或呋喃西林（使池水药物浓度达 1 毫克/升），隔天 1 次，连续 3 次。还可以将池水水温升至 23～25℃，并维持 3 天，可降低亲蟹死亡率。

3. 其他纤毛虫类病

据中国科学院水生生物研究所李连祥、汪建国报道，武汉城郊鱼池于 1988 年 4 月初出现纤毛虫病死蟹的情况（实际上也是将性成熟的绿蟹继续饲养而引起的）。间隙虫、累枝虫和钟形虫都是营附着生活的纤毛虫，螺类、水草、水生昆虫以及鱼类都是这些纤毛虫的栖息场所。一般河蟹体表、鳃和附肢上稍有些纤毛虫时，对蟹没有明显的危害，随着蟹体蜕壳之后，附生在蟹壳上的纤毛虫随蜕壳被弃掉。但是，当蟹体大量着生这类纤毛虫，特别是鳃上寄生太多时，呼吸系统受到影响，蟹体行动迟钝，不摄取饲料。久而久之，身体瘦弱，行动艰难，兼之池水不流动，故此纤毛虫越来越多。病蟹也愈来愈多，损失日趋严重。大家知道，河蟹生长过程不断蜕壳，每蜕一次壳身体增长 1 倍或更多。由于纤毛虫的着生，严重地影响河蟹呼吸，不摄食不活动，身体日益消瘦，致使蟹体达不到蜕壳的健壮水平。对于即将蜕壳的蟹，由于蟹体消瘦而无力蜕壳，直接妨碍河蟹的生长发育。

腹管虫和间隙虫都是虾、蟹等甲壳动物鳃上特有的寄生虫，由于虫体大量繁殖，几乎布满整个鳃片，严重地影响寄主的呼吸，当水中溶解氧不足时出现窒息死亡。在检查鳃丝时，发现鳃片的组织中黏液细胞明显增多。以上腹管虫、间隙虫、累枝虫和钟形虫 4 种纤毛虫病均发生在 4 月初。症状表现为：起初，个别病蟹匍匐在池边和水草丛中，不怕人，身上固着许多黄绿色或棕色的纤毛状物，行动非常迟钝。将病蟹放入清水中暂养，很不活跃，提起病蟹，附肢下垂，螯足无力。在水中静观病蟹，其鳃部流出来的水流缓慢，蟹池周围或浅水处及水草上随时可见病蟹。刚死或死后不久的蟹体，在腹面常有较多的黏液物，有时病蟹身体和附肢上无绒毛或绒毛少的个体也发生死亡。

对以上纤毛虫病的防治方法，李连祥等人经试验确定药物全池泼洒的浓度为硫酸锌 3.0 毫克/升。预防方法有如下几种。

(1) 生石灰每亩 100 千克带水清塘，20 天后再用 1.5 毫克/升的高碘酸钠溶液清池 1 次，杀灭水中的病原体，2 天后进苗种。

(2) 苗种入池前先用 200 毫克/升硫酸铜浸洗 1 小时。

(3) 当池水老化时，即水中浮游生物不多，常变清或淡茶色时，每亩水深 1 米用生石灰 15～20 千克，化水后全池泼洒 1 次。

对于其他纤毛虫病，现作简单介绍。

(1) 薮枝螅　形似植物，属腔肠动物水螅虫纲。群体有分枝，可分螅根、螅基和螅枝三部分。以出芽生殖增大群体，常与苔藓虫和藻类丛生在一起，着生在河蟹的背面。治疗方法：用 1%福尔马林溶液浸洗 20 分钟左右。

(2) 苔藓虫　可形成各种群体，出芽生殖和再生能力都很强，也着生在河蟹身体上。治疗方法：用 1%福尔马林溶液浸洗 20 分钟左右。

(3) 藤壶　藤壶属蔓足类，为无柄的固着生物。体表有坚硬的石灰质板，有 6 对蔓枝状的胸肢，无腹肢，常固着在河蟹的背面。治疗方法：主要是加强管理，增强河蟹个体的活动能力。如少量河蟹患病，也可将其放在 1%的福尔马林溶液中浸泡 20 分钟即可杀灭。

二、蟹奴病及其防治

在蟹种和商品蟹的养殖中，往往在蟹的腹部内侧能见到一些形如绿豆大小的白色颗粒，数量有几个甚至几十个，这就是寄生于河蟹身体的蟹奴（图 8-1、图 8-2）。寄生蟹奴的蟹种没有养殖意义，一是生长缓慢，二是被蟹奴寄生的商品蟹肉味恶臭，不能食用，被渔民称之为“臭虫蟹”。因此，了解蟹的生活史等特点对于防治蟹奴病具有一定意义。

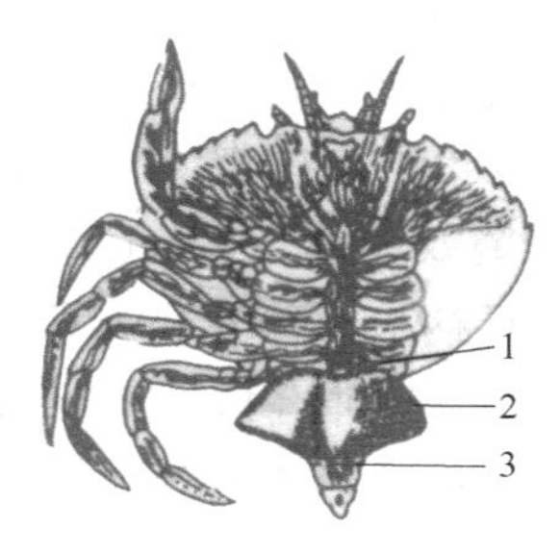

图 8-1　感染蟹奴的黄道蟹

蟹奴（仿 Calman 等）

1—蟹奴的柄；2—蟹奴；3—外套腔开口

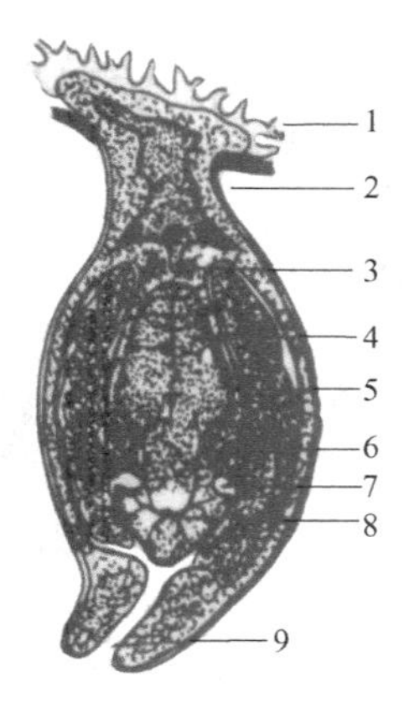

图 8-2　蟹奴最宽处的切面蟹奴（仿 Calman 等）

1—根状突起的基部；2—柄；3—精巢；4—卵巢；

5—外套腔中的卵；6—黏液腺（开口于腔内）；

7—输卵管；8—神经节；9—外套腔的开孔

【病原体】蟹奴也是一种甲壳动物，在动物分类学上隶属节肢动物门（Arthropoda）、颚足纲（Maxillopoda）、蔓足目（Cirripedia）、蟹奴科（Sacculinidae）、蟹奴属（*Sacculina*）。蟹奴属寄生性甲壳动物，一生寄生于十足目的蟹类体内。从蟹奴的外形（白色颗粒）很难看到它有甲壳动物的特征（图 8-3、彩图 12），只有了解它的生活史才能知道它属于甲壳动物。蟹奴雌雄同体，体呈柔软而椭圆的囊状，褐色，既无口器，也没有附肢，只有发达的生殖腺及外被的外套膜。蟹奴寄生在蟹的腹部，虫体分蟹奴外体（Sacculina externa）和蟹奴内体（Sacculina interna）两部分，前者突出在寄主体外，包括柄部及孵育囊，即通常见到的脐间颗粒；后者为分枝状细管，伸入寄主体内，蔓延到蟹体躯干与附肢的肌肉、神经系统和内脏等组织，形成直径 1 毫米左右的白线状分枝，用以吸取蟹体中的营养。在发育过程中，与河蟹一样，都要经过幼体阶段的变态，除无节幼体与腺介幼体外，还出现刺胞幼体。

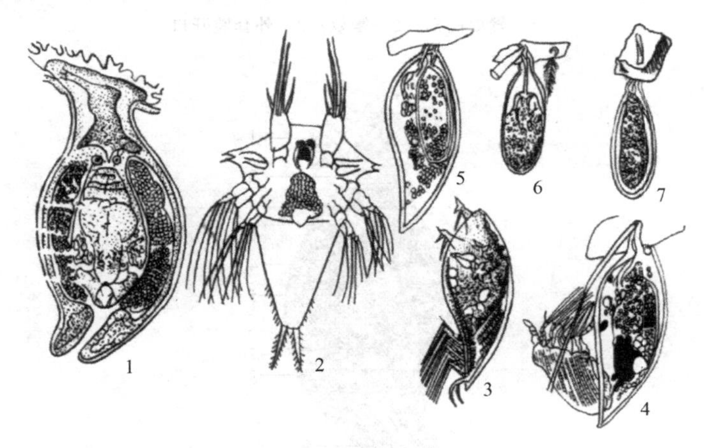

图 8-3　蟹奴剖面及其幼体

1—成虫的纵切面；2—六肢幼体；3—金星幼体；

4～7—用刚毛固着以后各发育阶段

蟹奴有很多种类，现以滨蟹蟹奴为例来简单介绍蟹奴的生活史。蟹奴亲体在卵孵出无节幼体后不久，无节幼体就离开亲体营独立生活，在孵化后的 4～6 天内，陆续蜕皮 4 次，经第五次蜕皮后就变为腺介幼体。腺介幼体经过 10 余天的时间，在夜间借第一触角或左触角附着于幼蟹，这时的幼蟹胸甲宽约 1.2 厘米，在幼蟹上附着的部位为身体的背面以及附肢，但绝不是腹部。蟹奴附着于幼体表面后就又开始变态，约经 2 天时间就由腺介幼体变成刺胞幼体，刺胞幼体前端形状为一中空的刺，该刺由蟹类的刚毛基部而连同其全部身体进入蟹类体内，并附着于幼蟹的中肠上，变成分支样的根细管，也就是蟹奴内体。根状的蟹奴内体首先缠绕幼蟹肠道，然后再蔓延到躯干部与附肢的肌肉、神经系统以及生殖器官。蟹奴有一个称为瘤状体的突起，这个突起在蟹奴寄生于幼蟹几个月后，在自己体后突起呈囊状物，在这个囊状物的破坏下，蟹的腹部出现小孔，囊状末端就穿过这个孔，向外生长，成为白色颗粒状的蟹奴外体，实际上蟹奴外体是蟹奴的柄部与孵育囊。蟹奴外体在蟹类腹部生活一段时间后就开始生育，繁殖无节幼体，当最后一胎幼体产出后，白色颗粒（孵育囊）从蟹体上脱落，只在蟹腹部留下黑色的脐状柄部。此时，蟹奴的一生宣告结束。

【症状】蟹奴是专门寄生在河蟹腹部（胸板）或附肢上的一种寄生虫，长 2～5 毫米，厚约 1 毫米，体扁平，圆枣状，乳白色或半透明，以吸收蟹体液营养为生。幼体时能钻到蟹腹部刚毛处生长出根状物，有时遍布蟹体，甚至进入内部器官。感染强度是 3～4 个至 20～30 个不等。发病季节一般是 7～10 月份，9 月份是发病高峰。该病虽不会引起蟹的大量死亡，但病蟹生长缓慢，性腺不发育。蟹奴严重寄生时，能使蟹肉变臭而不能食用，故又称“臭虫蟹”。此病极易在含盐量较高的池塘中（含盐度在 0.1%以上）发生，尤以沿海滩涂的蟹养殖区发病率较高。

【流行与危害】该病极易在含盐量较高的池塘中发生。长江口蟹奴在幼蟹阶段已寄生，直到河蟹发育成熟回到河口浅海时，早已寄生的蟹奴才迅速发育。编者于 1991 年 10 月在上海市崇明岛养蟹池看到许多蟹种均已感染蟹奴病。从崇明岛返回后，在湖泊捕捞的商品蟹中，发现 1 只患蟹奴病的河蟹，个体为雄性，重量约 75 克，腹脐已变形，近似雌体的腹脐，腹基内侧有许多蟹奴脱落后留下的黑色脐状痕迹。同年11月1日，编者在梁子湖围拦养蟹试验点上发现1只患病蟹，该蟹个体约90克，性别为雄性，揭开腹脐，基部有9颗白色蟹奴。从以上事实至少可以说明以下几个问题。

(1) 蟹奴寄生于蟹种后，随蟹种来到淡水湖泊，即脱离了半咸水环境到淡水中，此时蟹奴仍能生长发育。

(2) 寄生蟹奴蟹种在淡水中仍能生长，但生长速度缓慢，不能达到商品规格。

(3) 蟹病的腹部已发生明显变形。

徐一枝在上海市南汇县试验报道，经蟹奴寄生的蟹，虽没有发现大批死亡，但生长速度缓慢，11月起捕时体重仅20克左右。我们发现寄生蟹奴的蟹个体比南汇县蟹个体大一些，可能因南汇县是池塘，我们是湖泊，由于环境条件不同所致。中华绒螯蟹的蟹奴随蟹种购回放入池中，到7月发病率上升，9月达到高峰，为98.1%，10月后逐渐下降，11月只有5.6%。

【防治方法】由于蟹奴特殊的生活史和独特的体形，一般药物治疗很难奏效，因而更应重视对其进行积极的预防。预防蟹奴病的关键是不要购买已寄生蟹奴的蟹种。

(1) 彻底清塘，用含氯石灰（漂白粉）、敌百虫和甲醛等药物杀灭塘内蟹奴幼虫。

(2) 蟹池中混养20～50尾鲤夏花，利用鲤吞食蟹奴幼虫，控制其数量有一定作用。

(3) 河蟹发生蟹奴病时，可用浓度为8毫克/升的硫酸铜溶液浸洗病蟹10～20分钟，或用20毫克/升的高锰酸钾溶液浸浴病蟹10～20分钟。

(4) 在有发病预兆的池塘，彻底更换池水，注入新水（其盐度要小于0.1%），或把已感染蟹奴的病蟹移到淡水中，就能抑制蟹奴的发展与扩散。

【治疗方法】

(1) 用20毫克/升硫酸铜溶液浸洗病蟹10～20分钟。

(2) 用20毫克/升高锰酸钾溶液浸洗病蟹10～20分钟。

（3）全池抛撒硫酸铜、硫酸亚铁粉（5∶2），使池水呈 0.7 毫克/升浓度。

因蟹奴是一个囊体及从囊体发出的许多根状分枝所构成的，所以用针挑破囊然后用 0.8 毫克/升硫酸铜浸浴 30 分钟，有一定疗效。以上防治方法仅供参考，关键是要在采购蟹种时进行检查，坚决杜绝带病蟹种进池。

三、本尼登虫病

【病原体】病原体为本尼登虫。虫体呈椭圆形，背、腹扁平；长度一般为 5.4～6.6 毫米，最长者可达 11.6 毫米，宽度一般 3.1～3.9 毫米。身体前端有一对前吸盘；后端有 1 个圆盘状后吸盘，具窄边缘膜，有 7 对边缘小钩和 3 对形态各异的中央大钩；肠具分枝，后端不汇合。虫体用后吸盘固定位置在宿主体表上作伸缩运动，有时前后吸盘同时附在幼苗皮肤上，身体不断左右摆动。

【症状】本尼登虫寄生在鱼苗的背、腹部皮肤和鳍条上。虫体不但吸食宿主的上皮细胞、黏液和血液，其后吸盘大钩还会钩、撕宿主的表皮和肌肉，造成宿主的组织损伤。鱼体受刺激后，黏液增多，急躁不安，常往网壁碰撞摩擦。严重时，身上鳞片脱落、尾柄肌肉充血发红、溃疡，甚至烂尾。病苗漂浮水面、游动无力、不久下沉死亡。水面出现少量死亡时，箱底往往沉积大量死苗。

【流行及危害】鱼苗一下渔排即可被感染。水流缓慢，水质较肥的海区发病率高。多为单纯感染。秋苗体小皮嫩，抵抗力弱，对本尼登虫极为敏感。1 尾幼苗只要被 1 个虫体侵袭，就足以致死。寄生虫多时，1 尾全长 5 厘米的幼苗身上竟有 7 个以上虫体，可在短时期内造成大量死亡。9～11 月为主要的流行季节。

四、肺吸虫病及其对人体的危害

肺吸虫病又称吸虫囊蚴病，是蟹类吸虫病的一种。由于该寄生虫与人类有着较为直接的关系，即人若染上该虫则对身体有较大影响。淡水溪蟹易患肺吸虫病，生吃溪蟹的人感染肺吸虫的报告较多见，但河蟹是否感染肺吸虫病目前观点不一。中国科学院水生生物研究所鱼病研究室李连祥在“河蟹疾病与防治”一文中记述河蟹有肺吸虫病，并指出有人在1只河蟹体内发现500只囊蚴。中国科学院动物研究所戴爱云在《中国医学甲壳动物》书中指出河蟹也是肺吸虫的第二中间寄主。然而，华东师范大学生物学家堵南山著文认为河蟹不可能带有肺吸虫病，其理由是肺吸虫的中间宿主为短沟蜷，而河蟹生活在平原地区的江河湖荡根本就没有短沟蜷。编者认为河蟹有感染肺吸虫的可能，其理由为，河蟹生活的环境存在着川卷螺等肺吸虫第一宿主的淡水螺类。日本在20世纪50年代就河蟹的近亲日本绒螯蟹感染肺吸虫进行过调查研究，发现日本绒螯蟹在淡水河流里感染肺吸虫的强度较高。不过，河蟹感染肺吸虫的可能比淡水溪蟹要低得多。其理由是养殖河蟹的池塘和稻田等小水体里经过消毒杀虫的放种前的技术处理后，川卷螺等第一宿主生存的可能性不大，湖泊、水库等较大面积水体存在肺吸虫卵（主要由人、畜粪便带入）的可能性也不大。尽管如此，本书还是将肺吸虫有关防治知识作一介绍。

【病原体】该病的病原体为肺吸虫。据研究，肺吸虫属的种类目前国内已发现10余种。它是一种人畜共患的寄生虫病，其一生有三个方面的宿主，淡水溪蟹等蟹类是第二中间宿主。寄生于蟹类的吸虫为发育阶段的囊蚴，有人曾在1只河蟹体内找到500余个肺吸虫囊蚴。

【生活史】肺吸虫的卵随人、畜粪便进入水中，其后孵化发育为毛蚴，毛蚴全身披有纤毛，其个体大小为（0.08～0.09）毫米×（0.036～0.054）毫米。它在水中进行短暂生活后，即进入第一中间宿主淡水螺类体中。并发育成雷蚴以及下一阶段尾蚴，尾蚴从螺类体内出来后在水中游动，遇到蟹类即钻入其体内发育成为囊蚴，人、畜误食寄生有囊蚴的蟹类后，囊蚴即在人、畜体内发育成肺吸虫。

【危害与症状】肺吸虫对第二中间宿主蟹类的危害不很大，但对第三中间宿主（终宿主）——人、畜的危害较大。就人类来说，肺吸虫病表现的症状因虫体寄生部位不同而异，如寄生于肺部时则出现胸闷、发热、咳嗽等症状，容易误诊为肺结核等症；寄生于人体腹腔时则表现为腹痛、腹泻；还可寄生于人的其他组织和器官，如大脑、脊髓等处。有人形容囊蚴在人体内像“流窜犯”，上行至人的大脑，游走于人体皮下或横穿于胸腹腔等处。

【患病事例】据1991年6月《湖北日报》报道，湖北省长阳县中学生闫国庆，在暑假中误信“生吃石蟹增气力”的说法，好奇地生吃了1只俗称石蟹的溪蟹。几个月后，他四肢乏力，饮食减少，出汗多，肚脐周围疼痛，两腿出现密集的紫红色斑疹，胸部积水。在该县医院就诊后被误诊为“过敏性紫癜”，在治疗后病情继续发展时，转到宜昌医院治疗，在作“肺吸虫成虫抗体皮内试验”后，才被正确诊断为肺吸虫病，结果病情才得到控制，不仅2次住院花费了大量的费用，还耽误了学习。由此可见肺吸虫病危害之大。

【预防和治疗】

(1) 在养殖河蟹中，对肺吸虫囊蚴目前尚无较好的治疗手段。因此，应以预防为主。较好的预防办法是在养蟹池禁用新鲜的人、畜粪便。再就是消灭蟹池内及周围的川卷螺（肺吸虫的第一中间宿主）。杀灭川卷螺的药物一般是用0.7～1.0毫克/升硫酸铜全池遍洒，10天后再用10～15千克/亩生石灰化水泼洒。

(2) 注意食蟹卫生。为了防止肺吸虫的囊蚴随食蟹而进入人体内，千万不要生食用或食用没完全杀死囊蚴的蟹类。囊蚴形状如球，有内外两壁，外壁薄，内壁厚，内含幼虫，故较为顽固。因此，在烹调河蟹时，应注意烹调方法。一般来说，蒸蟹容易杀死囊蚴，但糟蟹或炒蟹粉等就不易杀死囊蚴。严格地说，蒸蟹时要将蟹蒸熟蒸透，即蒸至蟹的背甲成较深的红色，体后有白色块状出现为止。再就是食蟹时要“泼醋擂姜”，即多用醋、姜作为佐料。

第五节 其他疾病及其防治

一、蜕壳不遂病

【症状】这是河蟹的一种常见疾病，主要发生在幼蟹阶段，但个体大的河蟹以及干旱或离水的河蟹也易发生此病。蜕壳时，病蟹的头胸甲后缘与腹部交界处会出现裂口，但终因不能蜕出旧壳而死亡，患此病的蟹一般周身发黑。养殖过程中缺乏某些矿物质（如钙等）是此病发生的主要原因。

【防治措施】

（1）增加池塘中的钙质，定期泼洒浓度为15～20毫克/升的生石灰和1～2毫克/升的磷酸氢二钙。

（2）饲料中添加适量的“虾蟹蜕壳促长散”或“蜕壳促长散”及贝壳粉等，并增加动物性饲料的比例（占总投饲量的1/2以上）。

（3）在养殖池塘中适当栽植一些水草，便于蟹的攀爬和隐蔽。

（4）适时加注新水，保持水质清新，可增加蟹的活力，促其蜕壳；蜕壳期间需保持水位稳定，一般不要换水。

（5）严禁在蜕壳区投饵，保持蜕壳区安静。

二、青泥苔病

【症状】丝状藻类又称青泥苔，它是水绵、双星藻和转板藻的总称。春季随着水温的上升，丝状藻类在池塘浅水处开始萌发，长成一缕缕绿色细丝，附着在池底或像网一样悬浮在水中。也可附着于蟹的颊部、额部和步足基关节处及鳃上，当丝状藻与聚缩虫等丛生在一起时，就会在蟹体表面形成一层绿色或黄绿色棉花状的绒毛，导致蟹的活动困难，摄食减少，严重时可堵塞蟹的出水孔，使之窒息死亡。其发病原因主要是饲养密度过大、长期不换水或水源质量差、饲料投喂过多导致残饵与排泄物污染水质等。当该病发生后，如不能正确使用药物，可致蟹池藻类大批死亡，水体造氧功能降低。该病常发生在4～5月份。

【防治措施】

（1）用生石灰彻底清塘。

（2）一旦发病，应迅速换水，注水时应安装过滤装置，成蟹养殖池忌用农田水和含氮较高的水。

（3）发生此病后，应减少投饵量，停止使用容易污染水质的饲料，同时宜将土霉素与蜕壳素拌入饲料中投喂，用量为0.2克/千克蟹体重，连用3～5天。

（4）对附着有丝状藻类的病蟹可用1%的甲醛溶液浸浴20分钟，或将病蟹放在0.5～1毫克/升的新洁尔灭与5～10毫克/升的高锰酸钾混合液中浸浴。

（5）全池抛撒生石灰，调节池水的pH值，以抑制藻类的滋生，用量20～40毫克/升。

（6）杀灭成蟹养殖池中的丝状藻（青泥苔），可用0.7毫克/升的硫酸铜全池泼洒，或用25～30毫克/升的生石灰连续泼洒3次，每次间隔3～4天；若只需局部杀灭，可用20毫克/升的生石灰或0.8毫克/升的硫酸铜直接泼洒于丝状藻上。

（7）4～5月份河蟹生长蜕壳高峰期过后，将青灰（草木灰）撒在水面上，让其遮盖2/3的水面，造成藻类缺少阳光而死亡，然后将死去的丝状藻捞出。6～7月份，每千平方米水深1米，用30千克生石灰全池抛撒，每隔10～15天1次，通过调节pH值来抑制丝状藻的滋生。

三、中毒症

【症状】如池底产生有毒气体和生物性毒素等，池塘水质恶化；药物使用不当或浓度过高，饲料变质或被毒物污染等，都可引起河蟹中毒症的发生。有毒物质通过河蟹的鳃、三角膜进入体内，使河蟹背甲缘胀裂出现假性蜕壳，致使三角膜呈现红、黑泥性异状变化，腹脐张开下垂，四肢僵硬而死亡；或通过食物由胃肠进入血液循环，使河蟹内分泌失调，螯足、步足与头胸甲分离后死亡。中毒后的病蟹活动失常，死后肢体僵硬、拱起、腹脐离开胸板下垂，鳃及肝明显变色。

【防治措施】

（1）做好清塘工作，清除过多的淤泥。放养前每千平方米用生石灰 150 千克干法清塘。

（2）养殖季节应经常换水，保持水质清新。

（3）在易发生中毒症的 6～9 月份，每个月每千平方米用生石灰 15 千克对水后全池泼洒。

（4）如用稻田养蟹，在给水稻施洒农药时要尽量洒在水稻叶面上，并要注意各种农药对蟹的安全浓度，洒药后要立即换水。农药对蟹的安全浓度如下：90％的晶体敌百虫为 0.7 毫克/升，硫酸铜为 0.8 毫克/升。

（5）发生中毒症后，要立即彻底换池水，换水率应为 300％～500％。

四、常见敌害的防治

河蟹蜕壳期行动缓慢，防御能力较差，因此，成为许多敌害生物捕食的对象。做好养蟹过程中防止敌害的侵扰是一件很重要的工作。

【防治措施】

（1）鼠害　养蟹池中经常发现水老鼠为害河蟹。在采取安全措施的前提下，在蟹池四周放置磷化锌等药饵毒杀水老鼠。或者在蟹池四周安装防鼠笼、鼠夹和电猫等灭鼠工具。

（2）蛙害　青蛙对蟹苗和幼蟹危害很大。在放养蟹苗或蟹种前，彻底消除水中蛙卵和蝌蚪。还可以在养蟹区外设防护墙、防护网进行防护。

（3）鸟害　如鹭鸶，也啄食河蟹，可以用草人威吓驱赶。

（4）水蜈蚣　俗称水夹子，是龙虱的幼体，对蟹苗和初期仔蟹危害很大。可在养蟹前，彻底清塘，过滤进水。如池中已有水蜈蚣，可用灯光诱杀和特制水涝网捕杀。

参 考 文 献

[1] 苗素英. 两种蟹奴形态学及分子标记的初步研究. 中山大学硕士学位论文. 2010.

[2] 王武，李应森编著. 北京：中国农业出版社，2010.

[3] 中华人民共和国国家标准. GB 11607—89. 渔业水质标准.

[4] 中华人民共和国农业行业标准. NY 5064—2005. 无公害食品 中华绒螯蟹.

[5] 中华人民共和国农业行业标准. NY/T 5065—2001. 无公害食品 中华绒螯蟹养殖技术规范.

[6] 中华人民共和国农业行业标准. SCT 1091.2—2006. 草型湖泊网围养殖技术规范 第2部分：养蟹.

[7] 中华人民共和国农业行业标准. SCT 1091.3—2006. 草型湖泊网围养殖技术规范 第3部分：鱼蟹混养.

[8] 中华人民共和国农业行业标准. SC/T 1078—2004 中华绒螯蟹配合饲料.

[9] 许步劭，何林岗，陆炳法. 河蟹养殖. 北京：科学出版社，1980.

化学工业出版社同类优秀图书推荐目录

ISBN	书 名	定价（元）
18413	水产养殖看图治病丛书——黄鳝泥鳅疾病看图防治	29
14390	水产致富技术丛书——泥鳅高效养殖技术	23
19047	水产生态养殖技术大全	30
18413	水产养殖看图治病丛书——黄鳝泥鳅疾病看图防治	29
18389	水产养殖看图治病丛书——观赏鱼疾病看图防治	35
18391	水产养殖看图治病丛书——常见虾蟹疾病看图防治	35
18240	水产养殖看图治病丛书——常见淡水鱼疾病看图防治	35
15948	水产小食品生产	29
15561	水产致富技术丛书——福寿螺田螺高效养殖技术	21
15481	水产致富技术丛书——对虾高效养殖技术	21
15001	水产致富技术丛书——水蛭高效养殖技术	23
14982	水产致富技术丛书——经济蛙类高效养殖技术	21
14390	水产致富技术丛书——泥鳅高效养殖技术	23
14384	水产致富技术丛书——黄鳝高效养殖技术	23
13547	水产致富技术丛书——龟鳖高效养殖技术	19.8
13162	水产致富技术丛书——淡水鱼高效养殖技术	23
13163	水产致富技术丛书——小龙虾高效养殖技术	23
13138	水产致富技术丛书——河蟹高效养殖技术	18